“十二五”國家重點出版規劃增補項目
2018 年度國家古籍整理出版專項經費資助項目
國家自然科學基金面上項目“康熙時期西方數學傳播與影響新探”
（項目批準號：11571359）

梅文鼎全集

第一册

（清）梅文鼎 著
韓琦 整理

黄山書社

圖書在版編目(CIP)數據

梅文鼎全集 /(清)梅文鼎著；韓琦整理. — 合肥：黄山書社，2019.11
ISBN 978-7-5461-8602-3

Ⅰ. ①梅… Ⅱ. ①梅… ②韓… Ⅲ. ①天文學-中國-文集 ②數學-中國-文集 Ⅳ. ①P1-53 ②O1-53

中國版本圖書館 CIP 數據核字(2019)第 271707 號

梅文鼎全集　(清)梅文鼎 著　韓琦 整理

出品人　賈興權
策　劃　歐陽慧娟
責任編輯　李玲玲　范麗娜　歐陽慧娟　徐娟娟
封面題簽　韓　寧
裝幀設計　觀止堂_未氓
出版發行　時代出版傳媒股份有限公司(http://www.press-mart.com)
　　　　　黄山書社(http://www.hspress.cn)
地址郵編　安徽省合肥市蜀山區翡翠路 1118 號出版傳媒廣場 7 層　230071
印　刷　安徽新華印刷股份有限公司
版　次　2020 年 3 月第 1 版
印　次　2020 年 3 月第 1 次印刷
開　本　700mm × 1000mm　1/16
字　數　3000 千字
印　張　249.75
書　號　ISBN 978-7-5461-8602-3
定　價　980.00 元(全八册)

服務熱綫　0551-63533706
銷售熱綫　0551-63533761
官方直營書店(https://hsss.tmall.com)

雍正二年鐫

宣城梅定九先生著

計三十種

曆算全書

栢鄉魏念庭輯

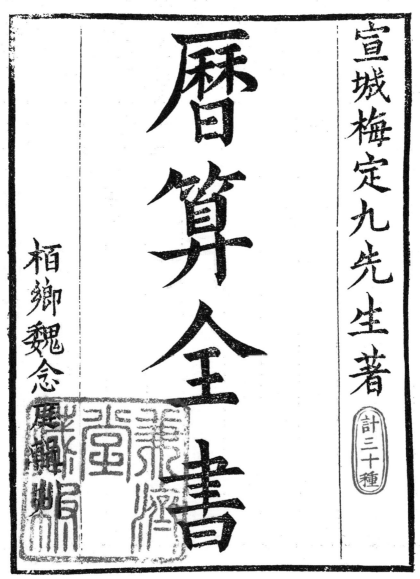

梅文鼎《曆算全書》扉頁，雍正二年兼濟堂刊本，日本國立公文書館藏。

兼濟堂纂刻梅勿菴先生曆算全書總目

梅文鼎《曆算全書》總目，雍正二年兼濟堂刊本，日本國立公文書館藏。

兼濟堂纂刻解八線割圓之根一卷

錫山楊作枚學山甫著

栢鄉魏荔彤念庭輯

男　乾斆一元

士敏仲文

士説崇寬

宣城梅　瑴成玉汝

玕成肩琳

毘陵錢松期人岳

錫山　華希閔豫原

秦軒然二南

受業武陵胡君福似孫同校

《解八線割圓之根》，雍正二年兼濟堂刊本，日本國立公文書館藏。

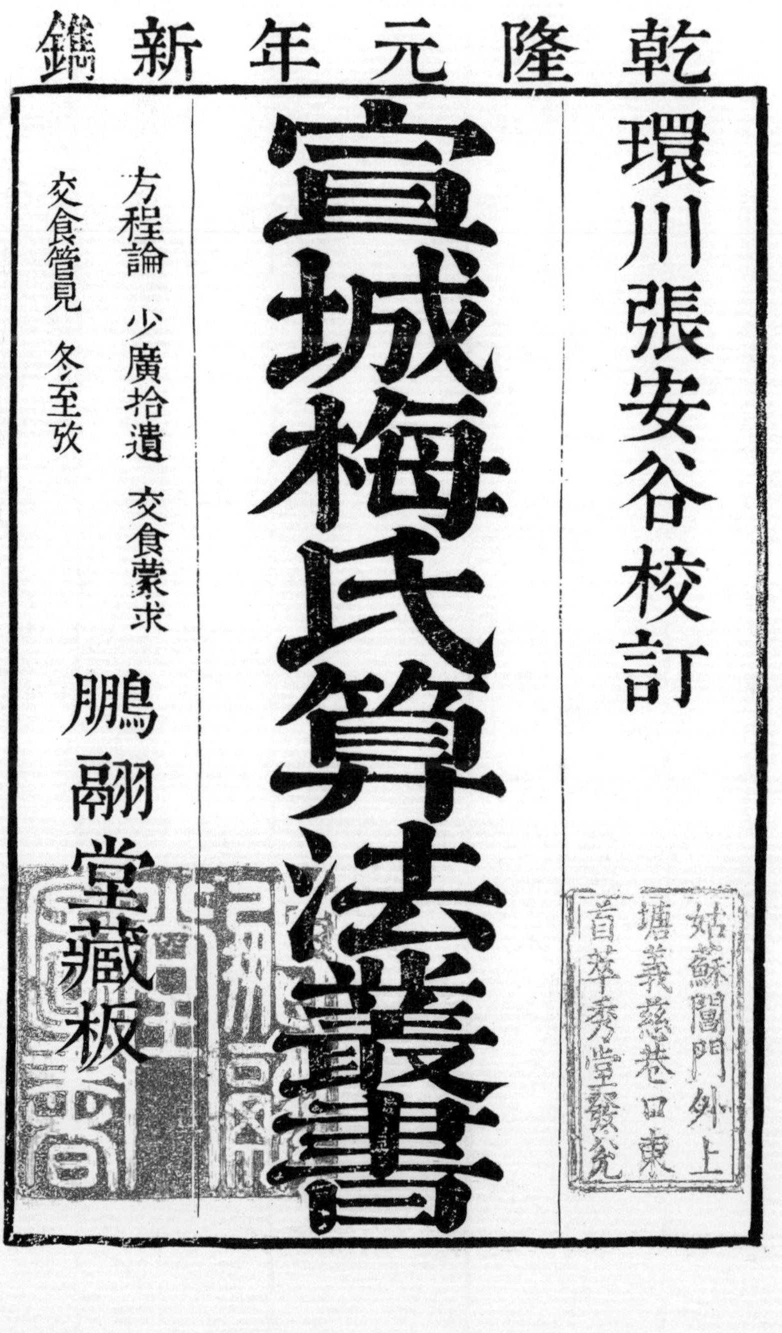

乾隆元年新鐫

環川張安谷校訂

宣城梅氏算法叢書

方程論 少廣拾遺 交食蒙求

交食管見 冬至攷

鵬翮堂藏板

姑蘇閶門外上塘義慈巷口東首萃秀堂發兌

《宣城梅氏算法叢書》扉頁，乾隆元年鵬翮堂刊本，日本國立公文書館藏。

總目

第一册

第二册

導言

梅文鼎（一六三三—一七二一），字定九，號勿庵，安徽宣城人，清初著名數學家及天文學家。他上承明末傳入的西方數學，下啟乾嘉時期的曆算研究，曆算之學被譽爲『國朝第一』，其著述等身，匯通中西，影響了有清一代數學的發展。

梅文鼎九歲即熟讀五經，並隨祖父治《易》。順治十八年（一六六一），他跟隨同里倪正先生學習大統曆交食法，對曆法頗有領悟，並補其缺漏，著有《曆學駢枝》，頗得倪正首肯。康熙五年（一六六六），他到南京參加鄉試，之後在十四至十六年間（一六七五—一六七七），又多次遊歷南京，自購得《崇禎曆書》之後，便開始潛心研究西洋曆算，並在此時獲知穆尼閣（Johannes Nikolaus Smogulecki 一六一〇—一六五六）和薛鳳祚的著作。在秦淮河畔，他廣交朋友，吟詩唱和，其中就有方以智之子方中通；此外，他還認識了著名的藏書家黄虞稷，到黄家看書、抄書，並接觸到宋刊本《九章算術》。康熙十九年（一六八〇），他再次到南京，下榻蔡璿（璣先）之觀行堂。蔡氏爲他刊刻了《籌算》（一六七八年自序），[一]除了《籌算》以外，康熙十九年（一六八〇），蔡氏還幫他刊刻了《中西算學通初集》一書，這部書可算是梅文鼎擬刊書籍的『廣告』。

梅文鼎的數學研究大致可以康熙十九年（一六八〇）爲界。[二]前期的研究成果主要以《中西算學通初集》爲代表，主要包括對《籌算》《筆算》《度算》《比例算》《方程論》《三角法舉要》《幾何摘要》《勾股測量》和《九數存古》九種書的介紹。據蔡璿《中西算學通》序（一六八〇）可知九種書在此前都已寫成。梅文鼎撰書之主要目的是會通中西算學，平息當時中法和西法之爭。在自序中，他批評習中法者『株守舊聞，遽斥西儒爲異學』，同時也批評習西法者鄙薄古法，『張惶過甚』，無暇深考中算源流，導致『兩家之説遂成隔礙』。梅文鼎後期的研究主要涉及球面三角學和幾何學研究，他試圖會通中西，其數學研究主要以西法爲主，也參考了少數明代數學著作。明末清初，西方幾何學、三角術、對數等，球面天文學知識以及一些新的推理方法傳入中國，數學研究領域得以拓展，但梅文鼎仍保持了傳統數學中《九章算術》和勾股的體系。

梅文鼎廣爲交友，友人雖在遠道，他也經常拜訪。一六八七至一六八八年間，他至杭州，特意拜訪了意大利耶穌會士殷鐸澤（Prosper Intorcetta 一六二五—一六九六），並結交毛際可。一六八九年，梅文鼎又爲拜訪南懷仁（Ferdinand Verbiest 一六二三—一六八八）到北京，遺憾的是南懷仁已在前一年去世。這年可算是他學術生涯的轉折點，之後的近三年間，恰逢康熙皇帝學習西學的熱情高漲，傳授數學的帝師有葡萄牙耶穌會士徐日昇（Tomás Pereira 一六四五—一七〇八）、比利時耶穌會士安多（Antoine Thomas 一六四四—一七〇九）、法國耶穌會士張誠（Jean-François Gerbillon 一六五四—一七〇七）和白晉（Joachim Bouvet 一六五六—一七三〇）。康熙學習數學的消息引起了文人學士的廣泛關注。

康熙三十年（一六九一）初，梅文鼎拜訪了安多，討論田畝測量問題。當時，梅文鼎以擅長曆算而名聞京城，並應邀參與修訂《明史·曆志》。他在京約四年，期間顧祖禹、朱彝尊、閻若璩、萬斯同、劉獻廷、陸隴其、黄百家、趙執信、戴名世、徐善、方苞等學者名流争相和他往來。李光地大約是受到康熙二十八年（一六八九）南京觀星臺老人星事件的刺激，又聽聞康熙帝愛好數學，回京後即把梅文鼎迎入館中，〔三〕傳授數學。

爲了迎合康熙帝對數學的興趣，朝廷官員急於舉薦擅長曆算的人才。大概聽説梅文鼎在京的消息，康熙帝在三十年（一六九一）底專門派人考察梅文鼎的曆算水準，可惜當時梅氏的表現令康熙帝頗爲不滿。〔四〕值得一提的是，在此前不久的一六八七年，方中通《數度衍》二十四卷（一六六一年序）刊成。方中通字位伯，號陪翁，安徽桐城人，自幼受家庭影響，對曆算發生興趣，一六五二至一六五三年在南京時，曾隨傳教士穆尼閣學習數學。〔五〕《數度衍》主要仿九章體系，並參考了《幾何原本》《同文算指》《比例規解》等西方傳入的著作和程大位的《算法統宗》等書，卷首之三中的『幾何約』是對《幾何原本》前六卷的改編。大約是康熙得知了此書刊印的消息，於是方中通之子方正珠被推薦給皇帝。一六九二年正月，康熙在乾清宫進行了日影觀測，方正珠應邀在場，乘機將《數度衍》進呈皇帝。康熙還和他討論了《九章算術》的一些問題，此事引起了不小的反響，不僅有在場官員提及，梅文鼎的安徽朋友朱書在《杜溪文稿》一書中也有專門記述，〔六〕後來的《桐城縣志》對此事也有記載。

在方正珠上呈《數度衍》後不久，康熙三十二年（一六九三）梅文鼎在離開北京之際，請李光地爲其《曆學疑問》作序。次年，李光地任提督順天學政，康熙三十七年（一六九八）十二月他升任直隸巡撫（直至一七〇五年）。大約在一六九九年他在保定刊成了梅文鼎的《曆學疑問》。與《曆學疑問》刊刻幾乎同時，李鼎徵[七]在一六九八年着手刊刻梅文鼎《方程論》，次年撰序，在泉州刊印完成。此書是梅文鼎一生中最得意的著作之一，論稿成於康熙十一年冬，全書十三年完成，二十九年潘耒作序。最初阮于岳曾想刊刻，但未能成功。一六九九年，梅文鼎至福建，曾打算拜訪李鼎徵，但最後是否見面，尚待考證。但可以肯定的是，梅文鼎確實到了泉州，並參觀了開元寺。[八]在一七〇〇年初（康熙三十八年十二月），施閏章之子彦恪還撰寫《徵刻〈曆算全書〉啟》，呼籲刊刻梅文鼎的曆算著作。

康熙四十一年（一七〇二）十月，李光地以撫臣扈蹕德州，進所刻《曆學疑問》三卷。康熙對此書頗爲讚賞，並稱梅文鼎『此人用力深矣』，他將書帶回宫中，『仔細看閲』，並作了大量批註，第二年春纔發還李光地。一七〇四年，李光地爲此書新寫了《恭記》，記述其事，並再次印刷。從此《曆學疑問》被廣爲傳播，此事亦成爲文壇佳話。在一七〇二年十二月，幾乎與《曆學疑問》的進呈同時，在安多的指導下，皇三子胤祉主持了自北京至霸州一度經綫長度的測量。[九]在這次測量前後，安多編寫了《測量高遠儀器用法》。受此次測量的影響，康熙在一七〇三年專門寫了一篇討論三角形的文章《御制三角形推算法論》，於次年用滿、漢兩種文字刊刻問世，並四處宣傳，影響甚廣。[十]

在此背景之下，李光地在擔任直隸巡撫期間，再次邀請梅文鼎至保定傳授數學。於是，梅文鼎在一七〇三年攜孫子瑴成北上。李光地的學生魏廷珍、王蘭生、王之鋭、陳萬策、徐用錫，其子鐘倫和梅瑴成均隨梅文鼎習算。梅文鼐及梅文鼎之子以燕也到過保定。除了傳授數學之外，在李光地的贊助下，梅文鼎的五種曆算書付梓，他的這批學生均參與了校對工作。大約受《御制三角形推算法論》一文的影响，李光地以最快的進度，在一七〇五年春之前刊成梅文鼎《三角法舉要》，並擇機呈送皇帝。除此書之外，李光地刊刻的梅氏書還有《弧三角舉要》《塹堵測量》《環中黍尺》《交食蒙求訂補》等四種。此外，三韓金世揚在保定官署也幫助刊刻了《曆學駢枝》和《筆算》，擴大了梅文鼎的影響。

康熙時代梅文鼎著作刊刻情況一覽表

書名	序	刊刻者、刊刻地	校對者
籌算	康熙戊午（一六七八）梅文鼎自序	蔡璿庚申刻於江寧	
中西算學通	康熙庚申蔡璿序、方中通序、康熙庚申梅文鼎自序	蔡璿庚申刻於江寧	
曆學疑問	康熙癸酉李光地序、甲申李光地恭記	李光地刻於保定。康熙壬午（一七〇二）進呈	安溪李光墺廣卿、李光型儀卿

書名	序	刊刻者、刊刻地	校對者
方程論	李鼎徵康熙己卯序、吴雲序、康熙庚午潘耒序、梅文鼎康熙甲寅序	李鼎徵刻於泉州。年希堯再刻	
三角法舉要	刻本康熙乙酉（一七〇五）進呈	李光地刻於保定	受業宿遷徐用錫壇長、安溪李鐘倫世得、陳萬策對初、景州魏廷珍君璧
弧三角舉要	康熙二十三年梅文鼎序	李光地刻於保定	梅以燕正謀、梅瑴成玉汝、受業宿遷徐用錫壇長、安溪李鐘倫世得、李鑑世憲、陳萬策對初、景州魏廷珍君璧、河間王之鋭仲穎、交河王蘭生振聲
塹堵測量		李光地刻於保定	同前
環中黍尺	康熙三十九年梅文鼎序	李光地刻於保定	同前

書名	序	刊刻者、刊刻地	校對者
交食蒙求訂補		李光地刻於保定	同前
曆學駢枝	康熙元年梅文鼎序	金世揚刻於保定	梅以燕正謀、梅瑴成玉汝、受業宿遷徐用錫壇長、安溪李鐘倫世得、李鑑世憲、陳萬策對初、景州魏廷珍君璧、常熟陳汝楫季方、河間王之锐仲穎、交河王蘭生振聲
筆算	康熙四十五年金世揚序、康熙癸酉梅文鼎自序	金世揚刻於保定。年希堯再刻於金陵	
勿庵曆算書目		自刻	
度算釋例	年希堯康熙丁酉序	年希堯刻於金陵	
少廣拾遺		家刻	

書名	序	刊刻者、刊刻地	校對者
交會管見		家刻	
春秋以來冬至考		家刻	

康熙四十四年（一七〇五）可説是梅文鼎的人生巔峰。是年二月，康熙『南巡狩，李光地以撫臣扈從。上問曰：「汝前道宣城處士梅文鼎者，今焉在？」臣地以「尚留臣署」對。上曰：「朕歸時，汝與偕來，朕將面見。」』閏四月，康熙帝一連三天召見梅文鼎於臨清州御舟中，『臨辭，特賜四大顔字，曰「績學參微」，則是月二十八日也』。〔十一〕當時在場的人除李光地之外，還有督學楊名時、天津道蔣陳錫。〔十二〕接見時，梅文鼎迎合康熙帝，將剛剛刊刻的《三角法舉要》進呈。此事令梅文鼎聲名大噪，一時間文人争相與之結交，並寫詩唱和，竭盡恭維讚美之能事。梅文鼎和康熙的相會，使得廟堂對曆算的支持，在民間廣爲傳播，營造了民間學習曆算的風氣，也使得之後乾嘉學派開始對曆算研究給予重視。

同年，李光地升任大學士。次年，梅文鼎返回江南，之後的近十年時間，他没有新的著作刊刻。一七一七年初，年希堯任職金陵藩署，與梅文鼎多有來往，討論比例規問題，協助梅文鼎刊刻《度算釋例》，並重刊《筆算》。

年希堯，字允恭，漢軍鑲黄旗人，康熙五十年（一七一一）升大名道，五十二年（一七一三）任廣西按察使司按察使，五十五至五十九年（一七一六—一七二〇）爲安徽布政使，五十九年（一七二〇）夏被革職，六十一年（一七二二）以布政使銜署廣東巡撫，與外國人多有交往。雍正三年（一七二五），任工部右侍郎，四年（一七二六）任内務府總管，並管理淮安宿遷關務，還曾負責景德鎮御窯的燒造。

年希堯對曆算頗有興趣，『以西人測算之切要者，摘録刊佈』，著有《測算刀圭》三卷（康熙五十七年序刊本），即《三角法摘要》《八綫真數表》《八綫假數表》；又刊有《對數廣運》和《面體比例便覽》（雍正十三年序刊本）。年氏所著書大體根據康熙時宫廷數學手稿編寫而成。《三角法摘要》開頭有年希堯康熙五十七年（一七一八）秋所寫序言，可能由梅文鼎代筆。[十三] 雍正年間，年氏在北京時與傳教士郎世寧（Giuseppe Castiglione 一六八八—一七六六）多有來往，並刊刻有《視學》。年希堯還約請『監司王公希舜、魏公荔彤同任剞劂，之後纔刻完《筆算》《方程論》數種，而年公被議以去』。[十四] 可見魏荔彤刊刻兼濟堂《梅氏曆算全書》是受到上司年希堯的約請。

大約從康熙五十七年（一七一八）到雍正二年（一七二四），曾任江蘇常鎮道和按察使的魏荔彤組織了《兼濟堂曆算叢書》的刊刻，其子乾敦、士敏、士説參與了叢書的編校工作，但最主要的工作則由無錫人楊作枚擔任。梅瑴成曾言：楊作枚『素好曆算之學，嘗往來余家，予曾屬魏公任以校對』。梅文鼎已刻未刻諸稿則由梅瑴成之弟玕成提供。楊作枚對叢書的校對不夠認真，錯訛不少，加之書中加入了自己的作品（如《割圓八綫表根》），爲此遭到梅瑴成的詬病。值得指出的是，書中個别内容，如《勾股闡微》後所附『通率表』，並不是梅文鼎的作品，而是蒙養齋算學館開館時，梅瑴成從内廷抄録的。[十五]

雍正元年（一七二三），《曆算叢書》已經大體刊成。到了第二年，正式刊成定本。日本國立公文書館（原内閣文庫）藏有《曆算叢書》，扉頁題『柏鄉魏念庭輯刊』『雍正二年鐫』，上有『兼濟堂藏板』紅章。〔十六〕從内容看，雍正二年本新增《割圓八綫之表》兩册，還有楊作枚《三角法會編》（康熙癸巳自序）。現存常見的雍正元年本，在不少地方與雍正二年刻本有差異，目録多有不同，〔十七〕特别是校對人員有較大出入，現以《解八綫割圓之根》爲例，將兩個版本的人名對照如下：

《曆算叢書》雍正二年版	《曆算叢書》雍正元年版
錫山楊作枚學山甫著	宣城梅文鼎定九著
柏鄉魏荔彤念庭輯	男以燕正謀參
男乾敷一元、士敏仲文、士説崇寬	孫瑴成玉汝、玕成肩琳
宣城梅瑴成玉汝、玕成肩琳	柏鄉魏荔彤念庭輯
毘陵錢松期人岳	男乾敷一元、士敏仲文、士説崇寬同校
錫山華希閔豫原、秦軒然二南	錫山後學楊作枚學山訂補
受業武陵胡君福似孫同校	

因爲《解八綫割圓之根》實際上並非梅文鼎所著，而雍正元年版歸於梅氏，令梅瑴成頗爲不滿，於是在雍正二年的版本中，改爲楊作枚著，並修改了協助校對的人員。魏荔彤在江蘇時，與梅文鼎的族孫梅

竹峰交好，在一七二九年稍早回到北方之前，把書版轉讓給了梅竹峰。〔十八〕

到了乾隆元年（一七三六），梅文鼎的著作得到吴門（蘇州）環川張宗禎（安谷）的重視，於是他將梅氏的五種曆算著作《方程論》《少廣拾遺》《交食蒙求》《交食管見》《冬至考》加以校訂，刊印問世（共六册），扉頁題《宣城梅氏算法叢書》，鵬翮堂藏板，上有『鵬翮堂藏書』紅章，又有『姑蘇閶門外上塘義慈巷口東首萃秀堂發兑』紅印戳，此書現藏日本東京國立公文書館。其中《方程論》有康熙己卯（一六九九）李鼎徵序、吴雲序、康熙庚午（一六九〇）潘耒序、梅文鼎康熙甲寅（一六七四）序和《方程論·發凡》，顯然張宗禎參考的是李鼎徵的《方程論》刊本。

梅文鼎之孫瑴成，字玉汝，號循齋，又號柳下居士。父以燕，早卒，自幼跟祖父文鼎學習天文曆算。經陳厚耀推薦，〔十九〕康熙五十一年（一七一二）六月初三日，讓李光地向江西巡撫郎廷極（一六六三—一七一五）之子傳旨：『朕近日聞得梅文鼎之孫算法頗好，雖不知學問深淺，命他來京看看。欽此。』於是郎廷極之子派家人護送梅瑴成進京，又前赴行在（熱河）。〔二十〕梅瑴成至京後，被賜爲舉人，一七一五年成進士，在暢春園蒙養齋學習，主持《數理精蘊》《欽若曆書》的編纂。梅瑴成因屢受清廷的恩澤，平步青雲，官運亨通，曾任翰林院編修、順天府府丞、都察院左副都御史、刑部右侍郎等職。雍正乾隆時又參與《曆象考成後編》《儀象考成》和《大清國史天文志》的編纂。乾隆帝南巡時，他還於乾隆二十七年二月八日在南京受到接見。

因兼濟堂《曆算全書》『謬舛盈紙』，以及楊作枚在書中加入自己的著作，梅瑴成十分不悅。魏荔彤和楊作枚過世後，梅瑴成有感於兼濟堂的板片曾一度『質他姓，不可得而修改，則傳訛沿誤，後學何賴焉？』於是在乾隆四年（一七三九）撰《兼濟堂曆算書刊繆》，逐條列舉校刊錯誤。在《增删算法統宗》『國朝算學書目』中，他曾再次提及：『因魏公所刻《曆算全書》編次謬亂，重爲厘正，汰其僞附，去其重複，正其魯魚，而爲是書。』於是對梅文鼎的著作重新加以校對，在乾隆十年（一七四五）序刊《宣城梅氏曆算叢書輯要》六十二卷，收録梅文鼎算書十三種，天文曆法著作十種，共六十卷，是爲『承學堂』版，〔二十二〕並將自己的著作《赤水遺珍》《操縵卮言》各一卷附於叢書之後（卷六十一、六十二）。

《赤水遺珍》包括數學短文十五篇，其中『天元一即借根方解』『《授時曆》立天元一求矢術』『求周徑密率捷法』和『求正弦正矢捷法』最有影響。『天元一即借根方解』介紹了康熙帝所傳授的西方代數和傳統天元一的關係，其解釋對後世研究宋元數學影響甚巨。《授時曆》使用立天元一法求矢，李冶《測圓海鏡》也用立天元一立算，但都不易讀。梅瑴成在蒙養齋時，跟隨康熙帝學習借根方（代數），乃涣如冰釋，悟出借根方和天元術『殆名異而實同』，從而爲理解天元術開啟了道路。並最早以借根方解釋『《授時曆》立天元一求矢術』『《測圓海鏡》立天元一法』『《四元玉鑒》有弦與積求勾股』等宋元算書的問題。『求周徑密率捷法』爲『譯西士杜德美法』，求圓徑密率。杜德美（Pierre Jartoux 一六六九—一七二〇）傳入的三個無窮級數公式，對清中葉數學家産生了很大影響。《操縵卮言》收入有關曆法的短文、通信十八篇，主要討論《明史》天文志、曆志的纂修。論數學成就，梅瑴成遠遠不能和乃祖相比，但他提倡『西學中源』説，借助西算解讀李冶的《測圓海鏡》和朱世傑的《四元玉鑒》，爲乾嘉算學的復興樹立了典範，功不可没。

目前李光地、金世揚在保定所刊梅氏曆算刻本已十分少見。就筆者所知，日本國立公文書館藏有《曆學全書》，包括《曆學疑問》三卷、《曆學駢枝》四卷、《塹堵測量》二卷、《環中黍尺》五卷、《弧三角舉要》五卷、《筆算》五卷、《三角法舉要》五卷、《交食蒙求訂補》二卷等八種，此叢書刷印精良，當爲初印本。美國華盛頓國會圖書館也藏有上述八種，此外還有《曆象本要》（有『明善堂覽書畫印記』，爲怡親王弘曉藏書），[二十二]由同治皇帝在一八六九年六月作爲禮物送給美國政府，成爲美國國會圖書館最早的中文藏書。在國内，清華大學除缺藏《交食蒙求訂補》二卷外，其餘所藏八種與美國國會圖書館相同，此外還多《中西算學通初集》和《勿庵曆算書目》這兩種稀見的康熙刻本，各書均有『安樂堂藏書記』藏書章（皇十三子胤祥藏書）。[二十三]

李光地在保定所刻的板片，後來『攜歸安溪，不得流通』，[二十四]歸其家族保存，其後人曾根據這些板片重新刷印，以《梅氏曆學六種》之名出版，扉頁題『安溪李氏校刊』，包括《曆學駢枝》[二十五]《交食蒙求訂補》《環中黍尺》《弧三角舉要》《三角法舉要》和《塹堵測量》。此叢書因書板多有缺損，刷印漫漶，原爲李儼先生舊藏，現藏中國科學院自然科學史研究所圖書館。

上海圖書館和福建圖書館藏有乾隆十年梅瑴成序刊本《宣城梅氏曆算叢書輯要》，相較於常見的乾隆二十六年本《梅氏叢書輯要》，此本刻工筆鋒更爲流暢精美，此次出版即以上海圖書館藏本（以下簡稱上圖本）爲底本。除了影印上圖本之外，還排印了梅文鼎的《曆學疑問》《曆學疑問補》《曆學答問》《雜著》

《中西算學通》《勿庵曆算書目》，並把梅瑴成的《操縵卮言》《赤水遺珍》作爲附録。其中《曆學疑問》以康熙刻本爲底本録入，並與上圖本和文淵閣《四庫全書》本作對比，適當作注。《中西算學通》《勿庵曆算書目》則根據清華大學藏康熙刻本録入，後者還參照浙江圖書館所藏抄本增補了康熙刻本的個别缺字。《曆學疑問補》《曆學答問》《雜著》以及梅瑴成的《操縵卮言》《赤水遺珍》則根據上圖本録入。

梅文鼎『湛心經術，旁通諸家』，廣收博覽，藏書萬卷。研究曆算之餘，多有詩文唱和之作，現存《績學堂詩文鈔》共十卷，其中文六卷，包括序跋、引、記、傳、書信、題辭、行略、祭文、銘、贊、箴和賦；詩四卷，大致按年代排列，收録一六六九至一七二一年間詩三百六十八首。詩文記述了其學術和思想的歷程與師友的交往，不僅體現了他對中西曆算的理解，還體現了一位通儒對傳統學術的思考。梅文鼎曾有『才與不才之間』的自我定位，其爲文作詩，都力求以博學取勝，如他所撰的《璿璣玉衡賦》，旁徵博引，寫成後洛陽紙貴，獲得了時人的讚揚。梅文鼎的詩文生前没有刊刻，乾隆時梅瑴成邀請張必剛、沈起元分别整理梅文鼎《文鈔》和《詩鈔》（張必剛一七五七年序，沈起元一七五二年序）。本書主要以《續修四庫全書》乾隆家刻本爲底本，參考了黄山書社出版的《績學堂詩文鈔》（何静恒、張静河點校，一九九五年版）點校本。

本書附録收録了上海圖書館《宣城梅氏曆算叢書輯要》之外的各種梅文鼎曆算著作的序跋（包括兼濟堂本以及梅氏族人重刊梅氏叢書的序跋），作爲梅文鼎著作的補充；還收録了康熙時代文人詩文集中有關梅文鼎與師友交往的詩文，以及清人文集和梅氏家譜中梅氏的傳記資料。這些材料對研究梅文鼎以及康熙時代的學術史，有重要的參考價值。附録以『梅文鼎相關文獻輯録』爲名發表，以便讀者參考。

注释

〔一〕梅瑴成《兼濟堂曆算書刊繆》指出「此書蔡君璣先於康熙庚申歲刻於江寧」；《宣城梅氏曆算叢書輯要》校閲助刻姓氏，則爲「康熙二十□年」。

〔二〕嚴敦傑：《梅文鼎的數學和天文學工作》，《自然科學史研究》一九八九年第二期，頁九九—一〇七。

〔三〕韓琦：《君主和布衣之間：李光地在康熙時代的活動及其對科學的影響》，《清華學報》（臺灣新竹）一九九六年十二月，新二六（四），頁四二一—四四五。收入韓琦：《康熙皇帝·耶穌會士·科學傳播》，北京：中國大百科全書出版社，二〇一九年版。

〔四〕韓琦：《科學、知識與權力：日影觀測與康熙在曆法改革中的作用》，《自然科學史研究》二〇一一年第一期，頁一—一八。收入上引《康熙皇帝·耶穌會士·科學傳播》。

〔五〕方中通：《數度衍》卷首之三《幾何約》，頁七五，康熙間胡氏繼聲堂刻本。一六八七年，方中通在女婿的幫助下，在廣東刊刻了《數度衍》一書。

〔六〕朱書：《杜溪文稿》卷一，乾隆元年梨雲閣刻本，《清代詩文集珍本叢刊》（第一八三册），北京：國家圖書館出版社，二〇一七，頁五七—六八。

〔七〕李鼎徵爲李光地之弟，一六九一年在北京和梅文鼎有交往。

〔八〕劉巖：《大山詩集》卷四，宣統二年《寂園叢書》鉛印本。

〔九〕韓琦、潘澍原：《康熙朝經綫每度弧長標準的奠立：兼論耶穌會士安多與歐洲測量學在宮廷的傳播》，《中國科技史雜誌》二〇一九年第三期，頁二九〇—三一二。

〔十〕韓琦：《康熙帝之治術與『西學中源』説新論：〈御制三角形推算法論〉的成書及其背景》，《自然科學史研究》二〇一六年第一期，頁一—九。

〔十一〕梅文鼎：《績學堂詩文鈔》李光地恭記。

〔十二〕梅文鼎：《績學堂詩鈔》卷四。

〔十三〕此序也收入梅文鼎《績學堂文鈔》卷二。

〔十四〕梅瑴成：《兼濟堂曆算書刊繆・引》，乾隆四年刊本，湖北圖書館藏。日本國立公文書館藏有抄本。

〔十五〕《增删算法統宗》是梅瑴成的晚年之作，刊刻後流傳很廣，此書增加了部分從蒙養齋獲得的知識。

〔十六〕梅文鼎《曆算全書》（雍正二年版）在享保十一年（丙午，一七二六）經海船東傳日本長崎，受到數學家建部賢弘等重視，並命弟子中根元圭謄寫一部獻給將軍。師徒二人還受命翻譯此書，獻給八代將軍德川吉忠，爲此得到了幕府的表彰。關於梅文鼎著作在日本的流傳，以及雍正元年、二年《曆算全書》的内容比較，參見小林龍彥：《德川日本對漢譯西洋曆算書的受容》，上海：上海交通大學出版社，二〇一九年版，頁二四九；亦可參見其之前的文章：《關於紅葉山文庫收藏的梅文鼎著作》，載日文版《科學史研究》四一（二〇〇二），頁二六—三四。

〔十七〕復旦大學圖書館古籍部所藏兩部雍正元年《曆算全書》，目録也不盡相同，可見刻版隨時在修改。

〔十八〕乾隆己巳（一七四六），梅竹峰之子汝培又『命工補綴，複還舊觀』，再次刷印。咸豐九年，梅氏族裔梅體萱又在蘇州（吴）得到殘缺板片，『促工補刻』，書後有跋一則，記録了這段歷史。

〔十九〕見《文峰梅氏宗譜》，光緒十八年劉坤一序刻本。

〔二十〕《宫中檔康熙朝奏摺》第三輯，臺北故宫博物院，一九七六，頁八二二。

〔二十一〕關於『承學堂』之名的來由，梅瑴成曾提到：『余小子自幼侍先徵君，南北東西，未離函丈，稍能竊取餘緒。後赴召内庭，得讀中秘書，蒙聖主仁皇帝耳提面命，遂充蒙養齋《律曆淵源》總裁，故於此道略知途徑。曆事三朝，洊登憲府，屢蒙聖天子殷殷垂訓，謂家學不可失，宜傳子孫，欽遵不敢忘。』（梅瑴成《增删算法統宗》凡例後自識語）乾隆十年承學堂刊本現在十分稀見，不知何故未能廣爲流通。乾隆二十六年，《梅氏叢書輯要》重新刊刻，亦稱『承學堂』版，序言亦爲梅瑴成所撰，但文字多有删節，此本是梅氏族人所爲還是書賈所刻，待考。咸豐時，因太平天國事起，乾隆二十六年板片被毁； 同治十三年，梅文鼎七世孫纘高根據原書重新雕版印刷（頤園刊本）。晚清隨着西方石印術的傳入和西學研究熱潮的興起，梅氏的曆算著作再次受到關注，梅氏叢書以小開本印刷，更便於士子攜帶，從而促進了數學的普及，現有上海龍文書局、敦懷書屋石印本等傳世。

〔二十二〕此書康熙刻本未署作者，後有一七四二年梅瑴成序刊本，作者歸於李光地名下。或以爲此書原爲楊文言所作。

〔二十三〕北京大學圖書館所藏個别梅文鼎曆算著作也有『安樂堂藏書記』章。國家圖書館藏有怡府書目，原爲鄭振鐸先生舊藏，其中收録《中西算學通》《曆學疑問》和康熙時代宫廷編纂的曆算著作。

〔二十四〕梅瑴成《兼濟堂曆算書刊繆·引》，乾隆四年刊本。

〔二十五〕據《勿庵曆算書目》和《兼濟堂曆算書刊繆》，《曆學駢枝》爲金世揚所刻。

目録

曆學疑問

曆學疑問卷二

曆學疑問卷三

曆學疑問補

曆學疑問補卷一

曆學疑問補卷二

曆學答問

雜著

中西算學通

勿庵曆算書目

附録　赤水遺珍

附録　操縵巵言

附記

梅文鼎全集

曆學疑問

曆學疑問　目録

曆學疑問卷二

曆學疑問卷三

恭記《曆學疑問》

壬午十月扈駕南巡，駐蹕德州。有旨取所刻書集回奏，匆遽未曾携帶，且多係經書制舉時文，應塾校之需，不足塵覽。有宣城處士梅文鼎《曆學疑問》三卷，臣所訂刻，謹呈求聖誨。奉旨：『朕留心曆算多年，此事朕能决其是非，將書留覽再發。』二日後，承召面見，上云：『昨所呈書甚細心，且議論亦公平，此人用力深矣。朕帶回宫中，仔細看閲。』臣因求皇上親加御筆，批駁改定，庶草野之士有所取裁，臣亦得以預聞一二，不勝幸甚。上肯之。

越明年春，駕復南巡，遂於行在發回原書，面諭：『朕已細細看過。』中間圈點塗抹及簽貼批語，皆上手筆也。臣復請此書疵謬所在，上云：『無疵謬，但算法未備。』蓋梅書原未完成，聖諭遂及之。竊惟自古懷抱道業之士，承詔有所述作者無論已，若乃私家藏録，率多塵埋瓿覆。至曆象天官之奥，尤世儒所謂專門絶學者，蓋自好事耽奇之徒，往往不能竟篇而罷，曷能上煩乙夜之觀，句譚字議，相酬酢如師弟子？梅子之遇，可謂千載一時。方今宸翰流行天下，獨未有裁自聖手之書蓄於人間者，豈特若洛下之是非堅定，而子雲遺編所謂遭遇時君、度越諸子者，亦無待乎桓譚之屢嘆矣。既以書歸之梅子，而爲叙其時月因起，俾梅寶奉焉。

甲申五月壬戌臣李光地恭記

序

《曆學疑問》，梅子定九之所著也。先生於是學潭思博考四十年餘，凡所撰述滿家，自專門者不能殫覽也。余謂先生宜撮其指要，束文伸義，章逢之士得措心焉。夫列代史志，掀及律曆，則几而不視，況一家之書哉。先生肯余言，以受館之暇爲之論百十篇而托之。疑者或曰：子之强梅子以成書也，於學者信乎當務與？曰：疇人星官之所專司，不急可也。夫梅子之作辨於理也，理可不知乎？乾坤，父母也。繼志述事者不離乎動静居息色笑之間，故《書》始曆象，《詩》咏時物，《禮》分方設官，《春秋》以時紀事，《易》觀於陰陽而立卦，合乎歲閏以生蓍。其所謂秩叙命討、好惡美刺、治教兵刑、朝會搜伐、建侯遷國之大，涉川畜牝之細，根而本之，則始於太乙，而殺於陰陽。日星以爲紀，月以爲量，四時以爲柄，鬼神以爲徒，故曰：『思知人，不可以不知天。』仰則觀於天文，窮理之事也，此則儒者所宜盡心也。聖之多才藝而精創作必稱周公，自《大司徒》土圭之法，《周髀》蓋天之制，後世少有知者。漢唐而下，最著者數家，率推一時一處，以爲定論。其有四出測候，踰數千里，則已度越古今，而未能包八極以立説。海外之士乘之，真謂吾書之所未有。微言既遠，泯泯棼棼，可勝詰哉？梅子閔焉，稽近不遺矣，而源之務索，其言之成，則援熙朝之曆以合於軒姬虞夏，洙泗閩洛泯然也。此固我皇上膺歷在躬，妙極道數，故草野之下亦篤生異士，見知而與聞之。而梅子用心之勤，不憚探賾表微，以歸於至當。一書之中，述聖尊王，兼而有焉。

昔劉歆《三統》，文具《漢志》；子雲《太玄》，平子以爲漢家得歲二百年之書也。彼劉、揚烏知天皆據洛下一家法，而附會以經義云爾。今先生之論羅罔千載，明皇曆之得天，即象見理，綜數歸道。異日蘭臺編次，必有取焉。《七政》《三統》，殆不足儗，而書體簡實平易，不爲枝離佶屈，吾知其説亦大行於經生家，非如《太玄》之覆醬瓿者而終不顯矣。先生之歸也，謂余叙之。余不足以知曆，姑叙其大意，以質知先生者。先生續且爲之圖表數術，以繼斯卷。余猶得竟學而觀厥成焉。

康熙癸酉四月望日清溪李光地書

曆學疑問卷一

余嚮纂《古今曆法通考》，因時時增改，訖無定本。己巳入都，獲交於安溪先生。先生曰：『曆法至本朝大備矣，經生家猶苦望洋者，無快論以發其意也。宜略仿元趙友欽《革象新書》體例，作爲簡要之書，俾人人得其門户，則從事者多，此學庶幾益顯。』余受命惟謹，然自惟固陋，雅不欲襲陳言。又欲其望而輒解，斟酌於淺深詳略之間，屢涉筆而未果。至辛未夏，移榻於中街寓邸，始克爲之。先生絶無疇應，門庭若水，退食之餘，亟問今日所成何論。有脱稿者，手爲點定。如是數月，得稿五十餘篇。然尚有宜補之篇目及其圖表，擬至山中續完。自癸酉南旋以後，屢奉手書相勉，亡友寧波萬季野斯同亦復寄言諄囑，而鄙性特耽探索，恒欲明其所疑，雜撰盈笥，率多未竟之緒，心追手步，顧此失彼，忽忽數年，未有以應。屬先生視學畿輔，遂以原稿付之雕版，後復進呈，蒙御筆評閲，詳安溪《恭記》中《曆法通考》舊序二首附後。〔一〕

〔一〕此舊序與魏禧、王源序據上海圖書館藏乾隆十年承學堂刊本（以下簡稱上圖乾隆本）。

《曆法通考》魏禧序

士於經世之務，惟律曆學非專家雖高才博學不能通其微。余資性愚下，又不能學，律曆數算諸家，茫昧無所知。自非終身從事不能至也，則不如勿學已矣。然能通其學者，見之未嘗不服而自愧。余養痾金陵，與宣城梅子定九相見於王子璞庵之南樓。定九不以余爲不知，出示曆算諸書，算書將次刊行，而《曆法通考》世未之知也。余既不知曆學，不能言其精微之處。覽其大綱，自《太初曆》以降，凡七十餘家，皆陳載而論斷之，以求衷乎其不可易。梅子之輟群書而攻苦於是者，幾二十年矣。余嘗聞諸師友，後人之勝於古人者惟曆法，世愈降而愈精密。蓋創始者難爲智，繼起者易於神明，理固然也。天地之運雖有成法可測量，而必有其不齊不能盡知之故，雖聖人不能以一成而永定。夫元氣運用，過與不及，天地恒有其不能自主之時，此所謂不可知之神也。故造曆者雖甚精，必不能不久而差，而有待於後人之更定。然不考古以察其原，就今以求其不易，則遞傳至後世，將益無所考證，而欲有所更定者，道無由施。然則梅子是書，豈僅足以備一代之史前、當日之民用而已哉？余故不辭而爲之叙，使天下知有是書，必有能爲梅子刊布，且實見諸施行者，非能叙梅子之書也。余姊婿丘邦士天資高，於易數曆學及泰西算法，不假師授，皆能造其微，桐城方密之先生嘆爲神人，所著曆書未就而卒，惜夫邦士不及見梅子之書而爲之叙之也。

寧都易堂魏禧序

《曆法通考》王源序

火雲龍鳥紀官，亮天工而治以天事也，三代下人事耳。人不如天明矣，況以人測天而欲其不忒乎？後世最難精者，莫如律曆，中聲在天地，聖人借器以宣之。天之運不可窺，造曆象、候日景、觀中星以步之，皆聰明睿知默契乎理數之自然，非區區智巧之術所能爲者。而後世徒以人事爲之，無惑乎器亡而黄鐘卒難恰合也。唐虞遠而曆法愈變愈繁，終難至當而不易也。回回、泰西之曆，或謂其法勝乎中國。宣城梅子定九著《曆法通考》，其言曰大法定於唐虞，所未著者里差歲差耳。積久而著，而後人立法以求之，合數千年數萬里之心思耳目而後精密。而合數千年數萬里之心思耳目以爲之精密者，適以成古聖人未竟之緒。蓋中星者，求歲差之法也；嵎夷、昧谷、南交、朔方之宅，求里差之法也。於戲！唐虞雖遠，苟得通天人理數、淹貫古今中外之法如梅子者，而會通以盡其變，雖亦以人測天，而人事盡，即聖人之法合。聖人之法合，而天事不庶幾乎？且夫曆法所以合天，當治以天事；天文所以示人，當治以人事。而梅子則曰：日月星辰，有常度矣。惟曆法不明，求其説焉不得，而占家遂得附會於其間。苟曆法大著，則機祥小術自無所托以售其欺。余嘗謂禆竈、梓慎之術，不能不屈於子產、昭子。徐珵預知英宗北狩及南宫復辟，亦以象緯决之，則倡議遷都北平宜必不可守，而于忠肅力排其説，一意戰守，社稷遂保無虞，是人事修，天意無不可挽。則梅子是書豈特明曆法也乎？息邪闢妄解惑之功，亦不小矣。

北平王源序

論曆學古疏今密

問：三代典制，厄於秦火，故儒者之論，謂古曆宜有一定不變之法，而不可復考，後之人因屢變其法以求之，蓋至於今日之密合，而庶幾克復古聖人之舊，非古疏而今密也。

曰：聖人言治曆明時，蓋取於革，故治曆者，當順天以求合，不當爲合以驗天。若預爲一定之法，而不隨時修改，以求無弊，是爲合以驗天矣，又何以取於革乎？且吾嘗徵之天道矣，日有朝有禺，有中有昃，有夜有晨，此歷一日而可知者也。月有朔，有生明，有弦，有望，有生魄，有下弦，有晦，此歷一月而可知者也。時有春夏秋冬，晝夜有永短，中星有推移，此歷一歲而可知者也。乃若熒惑之周天，則歷二年，歲星則十二年，土星則二十九年皆約整數。夫至於十二年二十九年而一周，已不若前數者之易見矣。又其每周之間，必有過不及之餘分，所差甚微，非歷多周，豈能灼見。乃若歲差之行，六七十年始差一度，歷二萬五千餘年而始得一周，雖有期頤上壽，所見之差不過一二度，亦安從辨之？迨其歷年既久，差數愈多，然後共見而差法立焉。此非前人之智不若後人也，前人不能預見後来之差數，而後人則能盡考前代之度分，理愈久而愈明，法愈修而愈密，勢則然耳。

問者曰：若是，則聖人之智有所窮與？

曰：使聖人爲一定之法，則窮矣。惟聖人深知天載之無窮，而不爲一定之法，必使隨時修改，以求合天，是則合天下萬世之聰明以爲其耳目，聖人之所以不窮也。然則曆至今日而愈密者，皆聖人之法之所該矣。

論中西二法之同

問者曰：天道以久而明，曆法以修而密，今新曆入而盡變其法以從之，則前此之積候，舉不足用乎？

曰：今之用新曆也，乃兼用其長，以補舊法之未備，非盡廢古法而從新術也。夫西曆之同乎中法者不止一端，其言日五星之最高加減也，即中法之盈縮曆也，在太陰則遲疾曆也；其言五星之歲輪也，即中法之段目也遲留逆伏；其言恒星東行也，即中法之歲差也；其言節氣之以日躔過宫也，即中法之定氣也；其言各省直節氣不同也，即中法之里差也。但中法言盈縮遲疾，而西説以最高最庳明其故；中法言段目，而西説以歲輪明其故；中法言歲差，而西説以恒星東行明其故。是則中曆所著者，當然之運，而西曆所推者，其所以然之源，此其可取者也。若夫定氣里差，中曆原有其法，但不以註曆耳，非古無而今始有也。西曆始有者，則五星之緯度是也。中曆言緯度，惟太陽太陰有之太陽出入於赤道，其緯二十四度；太陰出入於黄道，其緯六度，而五星則未有及之者。今西曆之五星有交點、有緯行，亦如太陽太陰之詳明，是則中曆缺陷之大端，得西法以補其未備矣。夫於中法之同者，既有以明其所以然之故，而於中法之未備者又有以補其缺。於是吾之積候者，得彼説而益信；而彼説之若難信者，亦因吾之積候而有以知其不誣。雖聖人復起，亦在所兼收而亟取矣。

論中西之異

問：今純用西法矣，若子之言，但兼用其長耳，豈西法亦有大異於中而不可全用，抑吾之用之者猶有未盡與？

曰：西法亦有必不可用者，則正朔是也。中法以夏正爲歲首，此萬世通行而無弊者也。西之正朔則以太陽會恒星爲歲，其正月一日定於太陽躔斗四度之日，而恒星既東行以生歲差，則其正月一日，亦屢變無定。故在今時之正月一日，定於冬至後十一日，溯而上之可七百年，則其正月一日在冬至日矣。又溯而上之七百年，又在冬至前十日矣。由今日順推至後七百年，則又在冬至後二十日矣。如是不定，安可以通行乎？此徐文定公造《曆書》之時棄之不用而亦略不言及也。然則自正朔外，其餘盡同乎？

曰：正朔其大者也，餘不同者尚多，試略舉之。中法步月離始於朔，而西法始於望，一也；中法論日始子半，而西法始午中，二也；中法立閏月，而西法不立閏月，惟立閏日，三也；黄道十二象，與二十八舍不同，四也；餘星四十八象，與中法星名無一同者，五也；中法紀日以甲子，六十日而周，西法紀日以七曜，凡七日而周，六也；中法紀歲以甲子，六十年而周，西法紀年以總積，六千餘年爲數，七也；中法節氣起冬至，而西法起春分，八也。以上數端，皆今曆所未用，徐文定公所謂鎔西算以入大統之型模，蓋謂此也就中惟閏日用之於恒表積數，而不廢閏月，猶弗用也。其總積之年，《曆指》中偶一舉之，而不以紀歲。

論今法於西曆有去取之故

問者曰：皆西法也，而有所棄取，何也？

曰：凡所以必用西法者，以其測算之精而已，非好其異也。故凡最高庳加減黄道經緯之屬，皆其測算之根，而不得不用者也。若夫測算之而既合矣，則紀日於午，何若紀於子之善也；紀月於望，何若紀於朔之善也。四十八象十二象之星名，與三垣二十八宿，雖離合不同，而其星之大小遠近，在天無異也，又安用此紛紛乎？此則無關於測算之用而不必用者也。乃若正朔之頒，爲國家禮樂刑政之所出，聖人之所定，萬世之所遵行，此則其必不可用而不用者也，又何惑焉？

論回回曆與西洋同異

問：　回回亦西域也，何以不用其曆而用西洋之曆？

曰：　回回曆與歐羅巴即西洋曆同源異派而疏密殊，故回回曆亦有七政之最高以爲加減之根，又皆以小輪心爲平行。其命度也亦起春分，其命日也亦起午正，其算太陰亦有第一加減第二加減。算交食三差，亦有九十度限，亦有影徑分之大小，亦以三百六十整度爲周天，亦以九十六刻爲日，亦以六十分爲度、六十秒爲分，而遞析之以至於微，亦有閏日而無閏月，亦有五星緯度及交道，亦以七曜紀日而不用干支。其立象也，亦以東方地平爲命宫。其黄道上星，亦有白羊、金牛等十二象，而無二十八宿。是種種者，無一不與西洋同，故曰同源也。然七政有加減之小輪，而無均輪，太陰有倍離之經差加減，而無交均之緯差，故愚嘗謂西曆之於回回，猶《授時》之於《紀元》《統天》，其疏密固較然也。然在洪武間，立法未嘗不密，其西域大師馬哈麻、馬沙亦黑頗能精於其術，但深自秘惜，又不著立表之根，後之學者失其本法之用，反借《大統》春分前定氣之日以爲立算之基，何怪其久而不效耶？然其法之善者種種與西法同，今用西法，即用回回矣，豈有所取舍於其間哉？　按：　回回古稱西域，自明鄭和奉使入洋，以其非一國，概稱之曰西洋。厥後歐羅巴入中國，自稱大西洋，謂又在回回西也。今《曆書》題曰『西洋新法』，蓋回回曆即西洋舊法耳。論中舉新法，皆曰歐羅巴，不敢混稱西洋，所以别之也。

論回回曆曆元用截法與《授時》同

問：論者謂回回曆元在千餘年之前，故久而不可用，其説然與？

曰：回回曆書以隋開皇己未爲元，謂之阿剌必年，然以法求之，實用洪武甲子爲元，而托之於開皇己未耳。何以知之？蓋回回曆有太陽年、太陰年。自洪武甲子逆溯開皇己未，距算七百八十六，此太陽年也。而回回曆立成所用者太陰年也。回回曆太陰年，至第一月一日與春分同日之年，則加一歲，約爲三十二三年而積閏月十二，所謂應加次數也。然則洪武甲子以前距算七百八十六年，當有應加閏月之年二十四次。而今不然，即用距算查表，至八百一十七算之時始加頭一次，然則此二十四个閏年之月日，將何所歸乎？故知其即以洪武甲子爲元也。惟其然也，故其總年立成皆截從距開皇六百年起，其前皆缺，蓋皆不用之數也。然則何以不竟用七百八十算爲立成起處，而用六百年？

曰：所以塗人之耳目也。又最高行分，自六百六十算而變，以前則漸減，以後則漸增。其減也，自十度以至初度；其增也，又自初度而漸加。此法中曆所無，故存此以見意也初度者，蓋指巨蠏初點，惟六百六十算之年最高，與此點合，以歲計之，當在洪武甲子年前一百二十六算。其前漸減者，蓋是未到巨蠏之度，故漸減也。由是言之，其算宮分，雖以開皇己未爲元，而其查立成之根，則在己未元後二十四年即立成所謂一年。既退下二十四年，故此二十四次應加之數可以不加，自此以後，則皆以春分所入月日挨求，〔一〕亦可不必細論，惟至閏滿十二个月之年，乃加一次，此其巧捷之法也。然則其不用積年而截取現在爲元者，固與《授時》同法矣。

〔一〕上圖乾隆本無『皆』字。

論天地人三元非回回本法

問：治回回曆者，謂其有天地人三元之法，天元謂之大元，地元謂之中元，人元謂之小元，而以己未爲元，其簡法耳。以子言觀之，其説非與？

曰：天地人三元分算，乃吴郡人陳壤所立之率，非回回法也陳星川名壤，袁了凡師也，嘉靖間曾上疏改曆而格不行。其説謂天地人三元，各二千四百一十九萬二千年，今嘉靖甲子，在人元已歷四百五十六萬六千八百四十算，所以爲此迂遠之數者，欲以求太乙數之周紀也按：太史王肯堂《筆塵》云，〔一〕太乙家多不能算曆，故以曆法求太乙多不合，惟陳星川之太乙與曆法合。然其立法皆截去萬以上數不用，故各種立成皆止於千，其爲虚立無用之數可知矣。夫三式之有太乙，不過占家一種之書，初無關於曆算。又其立法以六十年爲紀，七十二年爲元，五元則三百六十年，謂之周紀，純以干支爲主，而西域之法不用干支，安得有三元之法乎？今天地人三元之數現在，《曆法新書》初未嘗言其出於回回也。蓋明之知回回曆者，莫精於唐荆川順之、陳星川壤兩公，而取唐之説以成書者，爲周雲淵述學，述陳之學以爲書者，爲袁了凡黄。然雲淵《曆

〔一〕『塵』，康熙本誤作『麈』。

宗通議》中所述荆川精語外，别無發明有《曆宗中經》，余未見。而荆川亦不知最高爲何物唐荆川曰：要求盈縮，何故減那最高行度，只爲歲差積久，年年欠下盈縮分數，以此補之云云，是未明厥故也。若雲淵則直以每日日中之晷景當最高，尤爲臆説矣。了凡《新書》通回回之立成於《大統》，可謂苦心，然竟削去最高之算，又直用《大統》之歲餘，而棄《授時》之消長，將逆推數百年，亦已不效，况數千萬年之久乎？人惟見了凡之書多用回回法，遂誤以爲西域土盤本法耳。又若薛儀甫鳳祚，亦近日西學名家也，其言回回曆，乃謂以己未前五年甲寅爲元，此皆求其説不得而强爲之解也。總之，回回曆以太陰年列立成，而又以太陽年查距算，巧藏其根，故雖其專門之裔且不能知，無論他人矣查開皇甲寅，乃回教中所傳彼國聖人辭世之年，故用以紀歲，非曆元也，薛儀甫蓋以此而誤。

論回回曆正朔之異

問：回回曆有太陽年，又有太陰年，其國之紀年以何爲定乎？

曰：回回國太陰年，謂之動的月，其法三十年閏十一日，而無閏月，惟以十二个月爲一年無閏則三百五十四日，有閏則三百五十五日。故遇中國有閏月之年，則其正月移早一月如首年春分在第一月，遇閏則春分在第二月，而移其春分之前月爲第一月，故曰動的月。其太陽年，則謂之不動的月。其法以一百二十八年而閏三十一日，[一]皆以太陽行三十度爲一月，即中曆之定氣，其白羊初即爲第一月一日，歲歲爲常，故曰不動的月也。然其紀歲，則以太陰年，而不用太陽年，此其異於中曆而并異於歐羅巴之一大端也。然又有異者，其每歲齋月，又不在第一月，而在第九月，滿此齋月至第十月一日，則相賀如正旦焉。不特此也，其所謂月一日者，又不在朔，不在望，而在哉生明之後一日。其附近各國皆然，《瀛涯勝覽》諸書可考而知也。

馬歡《瀛涯勝覽》曰：占城國無閏月，但十二月爲一年，晝夜分爲十更，用鼓打記。又曰：阿丹國無閏月，氣候温和，常如八九月，惟以十二个月爲一年，月之大小，若頭夜見新月，明日即月一也。又曰：

〔一〕康熙本缺『日』字，今據上圖藏乾隆刊本補。

榜葛剌國亦無閏月，以十二个月爲一年。按：馬歡自稱會稽山樵，曾從鄭和下西洋，故書其所見如此。蓋其國俱近天方，故風俗並同，其言月一者，即月之第一日，在朔後，故不言朔。厥後張昇改其文曰：以月出定月之大小，夜見月，明日又爲一月也。文句亦通，然非『月一』字義也。又按：《一統志》：『天方國，古筠冲之地，舊名天堂，又名西域，有回回曆，與中國前後差三日。』〔一〕蓋以見新月之明日爲月之一日，故差三日。○又按：《素問》云：『一日一夜，五分之。』〔二〕《隋志》云：『晝有朝有禺有中有晡有夕，夜有甲乙丙丁戊』，〔三〕則晝夜十更之法，中法舊有之。○又熊礑石《島夷志》曰：『舶舟視旁羅之針，置羅處甚幽密，惟開小扃直舵門，燈長燃，不分晝夜，夜五更，晝五更，合晝夜十二辰爲十更，其針路悉有譜。』〔四〕按：此以十更記程，而百刻匀分，不論冬夏長短，與記里鼓之意略同。若《素問》《隋志》所云，則以日出入爲斷，而晝夜有長短，更法因之而變，兩法微别。占城用鼓打記，不知若何，要不出此二法。

〔一〕《明一統志》卷九十《外夷·天方國》。
〔二〕《黄帝内經素問》卷六《玉機真藏論篇》。
〔三〕《隋書》卷十九《天文上·漏刻》。
〔四〕（明）熊明遇：《文直行書》文選卷十三《島民傳·日本》，清順治十七年熊人霖刻本，頁三十七至三十八。

論夏時爲堯舜之道

問：古有三正，而三王迭用之，則正朔原無定也，安在用太陰年、用恒星年之爲非是乎？

曰：古聖人之作曆也，以敬授民時而已。天之氣，始於春，盛於夏，斂於秋，伏藏於冬，而萬物之生長收藏因之，民事之耕耘收穫因之，故聖人作曆以授民時，而一切政務皆順時以出令。凡郊社禘嘗之禮，五祀之祭，蒐苗獮狩之節，行慶施惠、決獄治兵之典，朝聘之期，飲射讀法、勸耕省斂、土功之事，洪纖具舉，皆於是乎在，故天子以頒諸侯，諸侯受而藏諸祖廟，以每月告朔而行之。曆之重，蓋如是也。而顧使其游移無定，何以示人遵守乎？如回回曆，則每三三年而其月不同，是春可爲夏，夏可爲冬也。如歐羅巴，則每七十年而差一日，積之至久，四時亦可互爲矣。是故惟行夏之時，斯爲堯舜之道，大中至正而不可易也。然則又何以有三正？

曰：三正雖殊，而以春爲民事之始則一也。故建丑者，二陽之月也；建子者，一陽之月也。先王之於民事也，必先時而戒事，猶之日出而作，而又曰雞鳴而起、中夜以興云爾，豈若每歲遷徙，如是其紛紛者哉？雖其各國之風俗相沿而不自覺，然以數者相較，而孰爲正大，孰爲煩碎，則必有辨矣。

《論語》：『行夏之時。』古註云：『據見萬物之生以爲四時之始，取其易知。』〔一〕

〔一〕何晏集解、邢昺疏：《論語注疏解經》卷十五《衛靈公第十五》。

論西曆亦古疏今密

問：中曆古疏今密，實由積候固已，西曆則謂自古及今一無改作，意者其有神授與？

曰：殆非也，西法亦由積候而漸至精密耳。隋以前，西曆未入中國，其見於史者，在唐爲《九執曆》，在元爲《萬年曆》，在明爲《回回曆》，在本朝爲西洋曆新法。然《九執曆》課既疏遠。唐《大衍曆》既成而一行卒，瞿曇譔怨不得與改曆事，訟於朝，謂《大衍》寫《九執曆》未盡其法，詔曆官比驗，則《九執曆》課最疏。《萬年曆》用亦不久。元太祖庚辰西征，西域曆人奏五月望，月當蝕，耶律楚材曰否，卒不蝕。明年十月，楚材言月當蝕，西域人曰不蝕，至期，果蝕八分。世祖至元四年，西域札馬魯丁撰進《萬年曆》，世祖稍頒行之，至十八年改用《授時曆》。《回回曆》明用之三百年，後亦漸疏。明洪武初設回回司天臺於雨花臺，尋罷回回司天監，設回回科，隸欽天監。每年西域官生依其本法，奏進日月交蝕及五星淩犯等曆。

歐羅巴最後出，而稱最精，豈非後勝於前之明驗歟？諸如《曆書》所述，多緑某之法，至歌白泥而有所改訂。歌白泥之法，至地谷而大有變更。至於地谷，法略備矣，而遠鏡之製又出其後，則其爲累測益精，大略亦如中法，安有所謂神授之法而一成不易者哉？是故天有層數，西法也，而其說或以爲九重，或以爲十二重，今則以金水太陽共爲一重矣。又且以火星冲日之時，比日更近，而在太陽天之下，則九重相裹如葱頭之說，不復可用矣。太陽大於地，西說也，而其初說日徑大於地徑一百六十五倍奇，今只算爲五倍奇，兩數相懸，不啻霄壤矣。太陽最高卑，歲歲東移，西法也，然先定二至後九度，後改定爲六度，今復移進半度，爲七度奇矣。又何一非後来居上而謂有神授不由積驗乎？

《渾蓋通憲》定奥日，在巨蟹九度，即最高也，其時爲萬曆丁未，在戊辰曆元前二十年，是利西泰所定。厥後《曆書》定戊辰年最高衝度，在冬至後五度五十九分五十九秒，以較萬曆丁未所定之奥日，凡改退三度有奇，是徐文定公及湯、羅諸西士所定。今《康熙永年曆法》，重定康熙戊午高衝，在冬至後七度〇四分〇四秒，以較《曆書》二百恒年表原定戊午高衝六度三十七分二十九秒，凡移進二十六分三十五秒，其書成於《曆書》戊辰元後五十年，是治理曆法南懷仁所定。

論地圓可信

問：西人言水地合一圓球，而四面居人，其地度經緯正對者，兩處之人以足版相抵而立，其説可信與？

曰：以渾天之理徵之，則地之正圓無疑也。是故南行二百五十里，則南星多見一度，而北極低一度；北行二百五十里，則北極高一度，而南星少見一度。若地非正圓，何以能然？至於水之爲物，其性就下，四面皆天，則地居中央爲最下，水以海爲壑，而海以地爲根，水之附地，又何疑焉？所疑者，地既渾圓，則人居地上，不能平立也。然吾以近事徵之，江南北極高三十二度，〔一〕浙江高三十度，相去二度，則其所戴之天頂即差二度江南天頂去北極五十八度，浙江天頂去北極六十度，各以所居之方爲正，則遥看異地，皆成斜立。又况京師極高四十度，瓊海極高二十度京師以去北極五十度之星爲天頂，瓊海以去北極七十度之星爲天頂，若自京師而觀瓊海，其人立處皆當傾跌瓊海望京師，亦復相同。而今不然，豈非首戴皆天，足履皆地，初無欹側，不憂環立歟？然則南行而過赤道之表，北遊而至戴極之下，亦若是已矣，是故《大戴禮》則有曾子之説。

〔一〕上圖乾隆本『北』作『地』。康熙本、兼濟堂本『三』作『二』。此從文淵閣四庫本、上圖藏乾隆本作『三』。

《大戴禮》：單居離問於曾子曰：『天圓而地方，誠有之乎？』曾子曰：『如誠天圓而地方，則是四角之不掩也。參嘗聞之夫子曰：「天道曰圓，地道曰方。」』〔一〕

《内經》則有岐伯之説。

《内經》：黄帝曰：『地之爲下，否乎？』岐伯曰：『地爲人之下，太虚之中也。』曰：『憑乎？』曰：『大氣舉之也。』〔二〕《素問》又曰：『立於子而面午，立於午而面子，皆曰北面；立於午而負子，立於子而負午，皆曰南面。』〔三〕釋之者曰：『常以天中爲北。』〔四〕故對之者皆南也。

宋則有邵子之説。

邵子《觀物篇》曰：天何依，曰依地。地何附，曰附天。曰天地何所依附，曰自相依附。〔五〕

〔一〕《大戴禮記》卷五《曾子天圓》。

〔二〕《黄帝内經素問》卷十九《五運行大論篇》。

〔三〕沈括《渾儀議》，見於《宋史》卷四十八《天文志第一·儀象》。按：此文最早爲沈括《渾儀議》所引，不見於今本《素問》。

〔四〕沈括《渾儀議》。按：『釋之者』即沈括。

〔五〕邵雍《漁樵問對》。按：今本《觀物篇》中無此文。

程子之說。

程明道《語録》曰：『天地之中，理必相直，則四邊當有空闕處。地之下豈無天？今所謂地者，特於天中一物爾。』〔一〕又曰：『極須爲天下之中，天地之中，理必相直，今人所定天體，只是且以眼定，視所極處不見，遂以爲盡。然向曾有於海上見南極下有大星數十，則今所見天體蓋未定。以土圭之法驗之，日月升降不過三萬里中，然而中國只到鄯善、莎車已是一萬五千里，就彼觀日，尚只是三萬里中也。』〔二〕

地圓之説，固不自歐邏、西域始也。

元西域札馬魯丁造西域儀像，有所謂苦来亦阿兒子，漢言地里志也。其製以木爲圓球，七分爲水，其色緑，三分爲土地，其色白，畫江河湖海貫串於其中。畫作小方井，以計幅員之廣袤、道里之遠近，此即西説之祖。

〔一〕《二程遺書》卷二下《附東見録後》。

〔二〕《二程遺書》卷二下《附東見録後》。

論蓋天《周髀》

問：有圓地之説，則里差益明，而渾天之理益著矣。古乃有蓋天之説，殆不知而作者歟？

曰：自揚子雲諸人主渾天，排蓋天，而蓋説遂詘。由今以觀，固可並存，且其説實相成，而不相悖也。何也？渾天雖立兩極，以言天體之圓，而不言地圓，直謂其正平焉耳。若蓋天之説，具於《周髀》，其説以天象蓋笠，地法覆槃，極下地高，滂沲四隤而下，則地非正平而有圓象明矣。故其言晝夜也，曰：日行極北，北方日中，南方夜半；日行極東，東方日中，西方夜半；日行極南，南方日中，北方夜半；日行極西，西方日中，東方夜半。凡此四方者，晝夜易處，加四時相及。此即西曆地有經度，以論時刻早晚之法也。其言七衡也，曰：北極之下，不生萬物，北極左右，夏有不釋之冰，中衡左右，冬有不死之草，五穀一歲再熟，凡北極之左右，物有朝生暮穫。〔一〕趙君卿注曰：『北極之下，從春分至秋分爲晝，從秋分至春分爲夜。』〔二〕即西曆以地緯度分寒暖五帶，晝夜長短各處不同之法也。使非天地同爲渾圓，何以能成此算？

〔一〕《周髀算經》卷下。
〔二〕《周髀算經》卷下。

《周髀》本文，謂周公受於商高，雖其詳莫考，而其説固有所本矣。然則何以不言南極？曰：古人著書，皆詳於其可見，而略於所不見。即如中高四下之説，既以北極爲中矣，而又曰天如倚蓋，是亦即中國之所見擬諸形容耳，〔一〕安得以辭害意哉？故寫天地以圓器，則蓋之度不違於渾；圖星象於平楮，則渾之形可存於蓋。唐一行，善言渾天者也，而有作《蓋天圖法》，元郭太史有《異方渾蓋圖》，今西曆有平渾儀，皆深得其意者也。故渾蓋之用，至今日而合，渾蓋之説，亦至今日而益明。

元札馬魯丁西域儀象，有兀速都兒剌不定，漢言晝夜時刻之器。其製以銅，如圓鏡而可掛。面刻十二辰位、晝夜時刻，上加銅條綴其中，可以圓轉。銅條兩端，各屈其首爲二竅以對望，晝則視日影，夜則窺星辰，以定時刻，以測休咎。背嵌鏡片，二面刻其圖，凡七，以辨東西南北、日影長短之不同，星辰向背之有異，故各異其圖，以盡天地之變焉。按：此即今《渾蓋通憲》之製也，以平詮渾，此爲最著。

〔一〕上圖乾隆本無『之』字。

論《周髀》儀器

問：若是則《渾蓋通憲》即蓋天之遺製與？抑僅平度均布，如唐一行之所云耶？

曰：皆不可考矣。《周髀》但言『笠以寫天。天青黑，地黄赤。天數之爲笠也，赤黑爲表，丹黄爲裏，以象天地之位』。此蓋寫天之器也。今雖不傳，以意度之，當是圓形如笠，而圖度數星象於内，其勢與仰觀不殊，以視平圖渾象轉爲親切，何也？星圖强渾爲平，則距度之疏密改觀；渾象圖星於外，則星形之左右易位。若寫天於笠，則其圓勢屈而向内，星之經緯距皆成弧度，與測算吻合，勝平圖矣。又其星形必在内面，則星之上下左右各正其位，勝渾象矣。

論曆元

問：造曆者必先立元，元正然後定日法，法立然後度周天。古曆數十家，皆同此術，至《授時》獨不用積年日法，何與？

曰：造曆者必有起算之端，是謂曆元。然曆元之法有二：其一遠溯初古，爲七曜齊元之元，自漢《太初》，至金重修《大明曆》，〔一〕各所用之積年是也；其一爲截算之元，自元《授時》不用積年日法，直以至元辛巳爲元，而今西法亦以崇禎戊辰爲元是也。二者不同，然以是爲起算之端，一而已矣。然則二者無優劣乎？曰：《授時》優。夫所謂七曜齊元者，謂上古之時，歲月日時皆會甲子，而又日月如合璧，五星如連珠，故取以爲造曆之根數也。使其果然，雖萬世遵用可矣。乃今廿一史中所載諸家曆元無一同者，是其積年之久近，皆非有所受之於前，直以巧算取之而已。然謂其一無所據，而出於胸臆，則又非也。當其立法之初，亦皆有所驗於近事，然後本其時之所實測，以旁證於書傳之所傳，約其合者，既有數端，遂援之以立術，於是溯而上之，至於數千萬年之遠，庶幾各率可以齊同，積年之法所由立也。然既欲其上合曆

〔一〕上圖乾隆本『金』誤作『今』。

元，又欲其不違近測，畸零分秒之數必不能齊，勢不能不稍爲整頓，以求巧合。其始也，據近測以求積年，其既也，且將因積年而改近測矣，又安得以爲定法乎？《授時曆》知其然，故一以實測爲憑，而不用積年虛率，上考下求，即以至元十八年辛巳歲前天正冬至爲元，其見卓矣。

按：唐建中時，術者曹士蔿始變古法，以顯慶五年爲上元，雨水爲歲首，號《符天曆》，行於民間，謂之小曆。又五代石晉高祖時，司天監馬重績造《調元曆》，以唐天寶十四載乙未爲上元，用正月雨水爲氣首。此二者亦皆截算之法，《授時曆》蓋采用之耳。然曹、馬二曆，未嘗密測遠徵，不過因時曆之率，截取近用。若郭太史則製器極精，四海測驗者二十七所，又上考春秋以來，至於近代，然後立術，非舍難而就易也。〇又按：《孟子》『千歲日至』，趙注只云『日至，可知其日』，孫奭疏則直云『千歲以後之日至，可坐而定』，初不言立元。〔一〕

〔一〕趙岐注、孫奭疏《孟子注疏解經》卷八下《離婁章句下》。

論西法積年

問：曆元之難定，以歲月日時皆會甲子也。若西曆者，初不知有甲子，何難溯古上元，而亦截自戊辰與？

曰：西人言開闢至今，止六千餘年，是即其所用積年也。然《曆書》不用爲元者何也？既無干支，則不能合於中法，一也；又其法起春分，與中法起冬至不同，以求上古積年，畢世不能相合，二也；且西書所傳不一，其積年之説，先有參差，三也。故截自戊辰爲元，亦鎔西算入中法之一事，蓋立法之善，雖巧算不能違矣。

《天地儀書》，自開闢至崇禎庚辰，凡五千六百三十餘年。《聖經直解》，開闢至崇禎庚辰，凡六千八百三十六年。

《通雅》：『按諸太西云：自開闢至崇禎甲申六千八百四十年，依所製稽古定儀推之，〔一〕止五千七百三十四年。』〔二〕

〔一〕上圖乾隆本『稽』作『嵇』。

〔二〕《通雅》卷十一《天文》。

《月離曆指》曰：『崇禎戊辰爲總期之六千三百四十一年。』〔一〕

《天文實用》云：開闢初時，適當春分。又云，中西皆以角爲宿首，因開闢首日昏時，角爲中星也。今以恒星本行逆推，約角宿退九十度，必爲中星，計年則七千矣，與《聖經》紀年合。〔二〕

開闢至洪水，《天地儀書》云一千六百五十餘年，《聖經直解》則云二千二百四十二年，相差五百九十二年。洪水至漢哀帝元壽二年庚申，天主降生，《天地儀書》云二千三百四十餘年，《聖經直解》則云二千九百五十四年，相差六百一十四年，《遺詮》又云二千九百四十六年，比《聖經直解》又少八年。

〔一〕《月離曆指》卷一《測月平行度第二》，見《新法曆書》卷二十八。

〔二〕上圖乾隆本『合』作『相近』。

論日法

問：上古積年，荒忽無憑，去之，誠是也。至於日法，則現在入用之數也，而古曆皆有日法，《授時》何以獨無？

曰：日法與曆元，相因而立者也。不用積年，自可不用日法矣。蓋古曆氣朔，皆定大小餘。大餘者，日也；小餘者，時刻也。凡七曜之行度，不能正當時刻之初，而或在其中半難分之處，非以時刻剖析爲若干分秒，則不能命算，此日法所由立也。自日法而析之，則有辰法、刻法、分法、秒法；自日法而積之，則有氣策法、朔實法、歲實法、旬周法；與日法同用者，則有度法、宿次法、周天法；又有章法、蔀法、紀法、元法。一切諸法，莫不以日法爲之綱。古曆首定日法，而皆有畸零，蓋以此也。惟日法有畸零，故諸率從之，而各有畸零之數矣。夫古曆豈故爲此繁難以自困哉？欲以上合於所立之曆元，而爲七曜之通率，有不得不然者也如古法以九百四十分爲日法，其四分之一則爲二百三十五，所以然者，以十九年一章，有二百三十五月也。又古法月行十九分度之七，是以十九分爲度法，亦以十九年一章有七閏也。他皆類此。今《授時》既不用積年，即章蔀紀元悉置不用，而一以天驗爲徵，故可不用畸零之日法，而竟以萬分爲日。日有百刻，刻有百分，故一萬也；自此再析，則分有百秒，秒有百微，皆以十百爲等而遞進退焉。數簡而明，易於布算，法之極善者也。是故《授時》非無日法也，但不用畸零之日法耳。用畸零之日法，乘除既繁，而其勢又有所阻，故分以下復用秒母焉。用萬分之日，可以析之，屢析至於無窮日躔之用有秒，則日爲百萬；月離之用有微，則日爲億萬。而乘除之間，轉覺其易，是小餘之細未有過於《授時》者也，而又便於用，豈非法之無弊，可以萬世遵行者哉？

按：宋蔡季通欲以十二萬九千六百爲日法，而當時曆家不以爲然，畏其細也。然以較《授時》，猶未及其秒數，而不便於用者，有畸零也，有畸零而又於七曜之行率無關，何怪曆家之不用乎？若回回、泰西，則皆以六十遞析，雖未嘗別立日法，而秒微以下，必用通分，頗多紆折，若非逐項立表，則其繁難不啻數倍《授時》矣。薛儀甫著《天學會通》，以六十分改爲百分，誠有見也。

曆學疑問卷二

論歲實閏餘

問：歲實有一定之數，而何以有閏餘？

曰：惟歲實有一定之數，所以生閏餘也。凡紀歲之法有二。自今年冬至至來年冬至，凡三百六十五日二十四刻二十五分，而太陽行天一周，是爲一歲二十四節氣之日據《授時》《大統》之數，或自今年立春至來年立春亦同。《周禮·太史》註：『中數曰歲，朔歲曰年。』[一]自今年冬至至明年冬至，歲也；自今年正月朔至明年正月朔，年也。古有此語，要之歲與年固無大别，而中數朔數之不齊，則氣盈朔虚之所由生。自正月元旦至臘月除夕，凡三百五十四日三十六刻七十一分一十六秒，而太陰會太陽於十二次一周，

[一] 鄭玄注、賈公彦疏《周禮注疏》卷二十六《春官宗伯·大史》。

是爲一歲十二月之日亦據《授時》平朔言之。兩數相較，則節氣之日多於十二月者一十日八十七刻五十三分八十四秒，是爲一歲之通閏；積至三年，共多三十二日六十二刻六十一分五十二秒，而成一閏月，仍多三日零九刻五十五分五十九秒；積至五年有半，共多五十九日八十一刻四十六分一十二秒，而成兩閏月，仍多七十五刻三十四分二十六秒。古云三歲一閏、五歲再閏者，此也。然則何以不竟用節氣紀歲，則閏月可免矣。曰：晦朔弦望，易見者也；節氣過宫，難見者也。敬授人時，則莫如用其易見之事，而但爲之閏月以通之，則四時可以不忒。堯命羲和，以閏月定四時成歲，此堯舜之道，萬世不可易也。若回回曆有太陰年爲動的月，有太陽年爲不動的月。夫既謂之月，安得不用晦朔弦望，而反用節氣乎？故回回曆雖有太陽年之算，而天方諸國不以紀歲也。沈存中欲以節氣紀歲，而《天經或問》亦有是言，此未明古聖人之意者矣。

論歲餘消長

問：歲實既有一定之數，《授時》何以有消長之法？

曰：此非《授時》新法，而宋《統天》之法，然亦非《統天》億創之法，而合古今累代之法而爲之者也。蓋古曆周天三百六十五度四分度之一，一歲之日亦如之，故四年而增一日今西曆永年表亦同。其後漸覺後天，皆以爲斗分太强，因稍損之古曆起斗終斗，故四分之一皆寄斗度，謂之斗分。自漢而晉而唐而宋，每次改曆，必有所減，以合當時實測之數，故用前代之曆以順推後代，必至後天，以斗分强也斗分即歲餘。若用後代之曆據近測以逆溯往代，亦必後天，以斗分弱也前推後而歲餘强，則所推者過於後之實測矣；後推前而歲餘弱，則所推者不及於前之實測矣。故皆後天。《統天曆》見其然，故爲之法以通之，於歲實平行之中，加一古多今少之率，則於前代諸曆不相乖戾，而又不違於今之實測，此其用法之巧也。然《統天曆》藏其數於法之中，而未嘗明言消長，《授時》則明言之，今遂以爲《授時》之法耳。郭太史自述創法五端，初未及此也，然則《大統曆》何以不用消長？

曰：此則元統之失也，當時李德芳固已上疏争之矣。然在洪武時，去《授時》立法不過百年，所減不過一分，積之不過一刻，故雖不用消長，無甚差殊也。《崇禎曆書》謂元統得之測驗，竊不謂然，何也？元統與德芳辨，但自言未變舊法，不言測驗有差。又其所著《通軌》，雖便初學，殊昧根宗，間有更張，輒違經旨如月食時差既内分等，俱妄改背理，豈能於冬至加時後先一刻之間，而測得真數乎？然則消長必不可廢乎？

曰：上古則不可知矣。若春秋之日南至，固可考據，而唐宋諸家之實測有據者，史册亦具存也。今以消長之法求之，其數皆合，若以《大統》法求之，則皆後天，而於春秋且差三日矣，安可廢乎？然則《統天》《授時》之法同乎？

曰：亦不同也。《統天曆》逐年遞差，而《授時》消長之分，以百年爲限，則《授時》之法又不如《統天》矣。夫必百年而消長一分，未嘗不是，乃以乘距算，其數驟變，殊覺不倫，鄭世子《黄鐘曆法》所以有所酌改也假如康熙辛酉年距元四百算，該消四分，而其先一年庚申距算三百九十九，只消三分，是庚申年歲餘二十四刻二十二分，而辛酉年歲餘二十四刻二十一分也。以此所消之一分，乘距算得四百分，則辛酉歲前冬至忽早四刻，而次年又只平運，以實數計之，庚申年反只三百六十五日二十刻二十二分，辛酉年則又是三百六十五日二十四刻二十一分，其法舛矣。

論歲實消長之所以然

問：歲實消長之法，既通於古，亦宜合於今，乃今實測之家，又以爲消極而長，其説安在？豈亦有所以然之故與？

曰：《授時》雖承《統天》之法而用消長，但以推之舊曆而合耳，初未嘗深言其故也。惟《曆書》則爲之説，曰：歲實漸消者，『由日輪之轂漸近地心也』。余嘗竊疑其説，今具論之。夫西法以日天與地不同心，疏盈縮加減之理，其所謂加減，皆加減於天周三百六十度之中，非有所增損於其外也。如最高則視行見小而有所減，最卑則視行見大而有所加，加度則減時矣，減度則加時矣，然皆以最卑之所減，補最高之所加，及其加減既周，則其總數適合平行，略無餘欠也。若果日輪之轂漸近地心，不過其加減之數漸平耳。加之數漸平，則減之數亦漸平，其爲遲速相補而歸於平行一也，豈有日輪心遠地心之時，則加之數多而減之數少，日輪心近地心時，則減之數少而加之數多乎？必不然矣。又考日躔永表，彼固原未有消長之説，《日躔曆指》言平歲用《授時》消分，定歲則用最高差。及查恒年表之用，則又只用平率，是其説未有所決也。又《曆書》言日輪漸近地心，數千年後將合爲一點，若前之漸消由於兩心之漸近，則今之消極而長，兩心亦將由近極而遠，數千年後又安能合爲一點乎？彼蓋見《授時》消分有據，而姑爲此説，非能極論夫消長之故者也。然則將何以求其故？

曰：《授時》以前之漸消，既徵之經史而信矣；而今現行曆之歲實又稍大於《授時》，其爲復長，亦似有據。竊考西曆最高卑，今定於二至後七度，依《永年曆》，每年行一分有奇，則《授時》立法之時最高卑正與二至同度，而前此則在至前，過此則在至後，豈非高衝漸近冬至而歲餘漸消，及其過冬至而東，又復漸長乎？余觀《七政曆》，於康熙庚申年移改最高半度弱，而其年歲實驟增一刻半强，此亦一徵也，存此以竢後之知曆者己未年最高在夏至後六度三十九分，庚申年最高在夏至後七度七分，除本行外，計新移二十七分。己未年冬至庚戌日亥正一刻四分，庚申年冬至丙辰日寅正二刻二分，實計三百六十五日二十四刻十三分，前後各年俱三百六十五日二十三刻四分或五分，以較庚申年歲實，驟增一刻九分。

王寅旭曰：歲實消長，其説不一，謂由日輪之轂漸近地心，其數浸消者，非也。日輪漸近，則兩心差及所生均數亦異。以論定歲，誠有損益。若平歲歲實尚未及均數，則消長之源與兩心差何與乎？識者欲以黄赤極相距遠近求歲差朓朒，與星歲相較，爲節歲消長終始循環之法。夫距度既殊，則分至諸限亦宜隨易，用求差數，其理始全。然必有平歲之歲差，而後有朓朒之歲差；有一定之歲實，而後有消長之歲實。以有定者紀其常，以無定者通其變，始可以永久而無弊。

按：寅旭此論，是欲據黄赤之漸近以爲歲實漸消之根。蓋見西測黄赤之緯古大今小，今又覺稍贏，故斷以爲消極復長之故。然黄赤遠近，其差在緯，歲實消長，其差在經，似非一根。又西測距緯復贏者，彼固自疑其前測最小數之未真，則亦難爲確據。愚則以中曆歲實起冬至，而消極之時高衝與冬至同度，高衝離至而歲實亦增，以經度求經差，似較親切。愚與寅旭生同時而不相聞，及其卒也，乃稍稍見其書，今安得起斯人於九原，而相與極論，以質所疑乎？

論恒星東移有據

問：古以恒星即一日一周之天，而七曜行其上。今則以恒星與七曜同法，而别立宗動，是一日一周者與恒星又分兩重，求之古曆，亦可通與？

曰：天一日一周，自東而西，七曜在天，遲速不同，皆自西而東，此中西所同也。然西法謂恒星東行比於七曜，今考其度，蓋即古曆歲差之法耳。歲差法昉於虞喜，而暢於何承天、祖冲之、劉焯、唐一行，歷代因之，講求加密，然皆謂恒星不動而黄道西移，故曰天漸差而東，歲漸差而西，所謂天即恒星，所謂歲即黄道分至也。西法則以黄道終古不動，而恒星東行。假如至元十八年冬至在箕十度，至康熙辛未歷四百十一年而冬至在箕三度半。在古法，謂是冬至之度自箕十度西移六度半，而箕宿如故也；在西法，則是箕星十度東行過冬至限六度半，而冬至如故也，其差數本同，所以致差者則不同耳。然則何以知其必爲星行乎？

曰：西法以經緯度候恒星，則普天星度俱有歲差，不止冬至一處，此蓋得之實測，非臆斷也。然則普天之星度差，古之測星者何以皆不知耶？

曰：亦嘗求之於古矣，蓋有三事可以相證。其一，唐一行以銅渾儀候二十八舍，其去極之度，皆與舊經異。今以歲差考之，一行銅儀成於開元七年，其時冬至在斗十度，而自牽牛至東井十四宿去極之度，皆小於舊經，是在冬至以後，歷春分而夏至之半周，其星自南而北，南緯增則北緯減，故去北極之度漸差而少也；自輿鬼至南斗十四宿，去極之度皆大於舊經，是在夏至以後，歷秋分而冬至之半周，其星自北而南，南緯減則北緯增，故去北極之度漸差而多也星度詳後。嚮使非恒星移動，何以在冬至後者漸北，在夏至後者漸南乎？恒星循黄道行，實只東移，無所謂南北之行也，而自赤緯觀之，則有南北之差，蓋横斜之勢使然。其一，古測極星，即不動處；齊梁間測得離不動處一度强祖暅所測；至宋熙寧，測得離三度强沈存中測，詳《夢溪筆談》；至元世祖至元中，測得離三度有半郭太史候極儀，徑七度，終夜見極星循行環内，切邊而行是也。嚮使恒星不動，則極星何以離次乎？其一，二十八宿之距度，古今六測不同詳《元史》，故郭太史疑其動移，此蓋星既循黄道東行，而古測皆依赤道，黄赤斜交，句弦異視，所以度有伸縮，正由距有横斜耳，不則豈其前人所測，皆不足憑哉？故僅以冬至言差，則中西之理本同，而合普天之星以求經緯，則恒星之東移有據。何以言之？近兩至處，恒星之差在經度，故可言星東移者，亦可言歲西遷。近二分處，恒星之差竟在緯度。故惟星實東移，始得有差，若只兩至西移，諸星經緯不應有變也，如此則恒星之東移信矣。恒星既東移，不得不與七曜同法矣。恒星東移，既與七曜同法，即不得不更有天挈之西行，此宗動所由立也。

唐一行所測去極度與舊不同者列後。

	舊經列宿去極度〔一〕		唐測列宿去極度〔二〕
牽牛	百　六度	牽牛	百　四度
須女	百　度有脱字	須女	百　一度
虛	百　四度	虛	百　一度
危	九十七度有誤字	危	九十七度
營室	八十五度	營室	八十三度
東壁	八十六度	東壁	八十四度
奎	七十六度	奎	七十三度
婁	八十度	婁	七十七度
胃昴	七十四度	胃昴	七十二度
畢	七十八度	畢	七十六度
觜觿	八十四度	觜觿	八十二度
參	九十四度	參	九十三度
東井	七十度	東井	六十八度

以上十四宿去極之度，皆古測大而唐測小，是所測去極之度少於古測，爲其星自南而北也。又按：唐開元冬至在斗十度，則此十四宿爲自冬至後歷春分而夏至之半周。

〔一〕〔二〕『列宿去極度』五字據上圖乾隆本增。下頁表同。

舊經列宿去極度（二）

輿鬼	六十八度
柳	七十七度
七星	九十一度
張	九十七度
翼	九十七度
軫	九十八度
角	九十一度正當赤道
亢	八十九度
氐	九十四度
房	百八度
心	百八度
尾	百二十度
箕	百一十八度
南斗	百一十六度

唐測列宿去極度（二）

輿鬼	六十八度
柳	八十度半
七星	九十三度半
張	百度
翼	百三度
軫	百度
角	九十三度半在赤道南二度半
亢	九十一度半
氐	九十八度
房	百一十度半
心	百一十度
尾	百二十四度
箕	百二十度
南斗	百一十九度

以上十四宿去極之度，皆古測小而唐測大，是所測去極之度多於古測，爲其星自北而南也。以冬至斗十度言之，則此十四宿爲自夏至後歷秋分而冬至之半周。

論七政高下

問：傳言日月星辰繫焉，而今謂七政各有一天，何據？

曰：屈子《天問》『圜則九重，孰營度之』，〔一〕則古有其語矣。七政運行，各一其法，此其説不始西人也。但古以天如棋局不動，而七政錯行，如棋子之推移；西人之説則謂日月五星，各麗一天，而有高下。其天動，故日月五星動，非七政之自動也。其所麗之天，表裏通徹，故但見七政之動耳。不然，則將如彗孛之類旁行斜出，安得有一定之運行，而可以施吾籌策乎？且既各麗一天，則皆天也。雖有高下，而總一渾灝之體，於《中庸》所謂『繫』焉者，〔二〕初無牴牾也，然則何以知其有高下？

曰：此亦古所有，但言之未詳耳。古今曆家皆言月在太陽之下，故月體能蔽日光，而日爲之食，是日高月下、日遠月近之證也。又步日食者以交道表裏而論其食分，隨地所見，深淺各異，故此方見食既者，越數千里而僅虧其半，古人立法謂之東西南北差，是則日之下月之上相距甚遠之證也。又月與五星

〔一〕《楚辞》卷三《天問》。

〔二〕上圖乾隆本、文淵閣四庫本『繫』作『擊』。

皆能掩食恒星，是恒星最在上，而於地最遠也；　月又能掩食五星，是月最在下，而於地最近也；　五星又能互相掩，是五星在恒星之下月之上，而其所居又各有高下，於地各有遠近也。　嚮使七政同在一規，而無高下之距，則相遇之時，必相觸擊，何以能相掩食而過乎？　是故居七政之上最近大圜、最遠於地者爲恒星，恒星之下，次爲土星，又次爲木星，次爲火星，次爲太陽，爲金、爲水，最近於地者爲月。　以視差言之，與人目遠者視差微，近則視差大，故恒星之視差最微，以次漸增，至月而差極大也。　以行度言之，近大圜者爲動天所掣，故左旋速，而右移之度遲；　漸近地心，則與動天漸遠，而左旋漸遲，即右移之度反速。故左旋之勢，恒星最速，以次漸遲，至月而爲最遲也；　右移之度，恒星最遲，以次漸速，至月而反最速也。是二者宛轉相求，其數巧合，高下之理，可無復疑《夢溪筆談》以月盈虧明日月之形如丸，可謂明悉。而又以問者之疑其如丸，則相遇而相礙，故輒漫應之曰：『日月氣也，有形無質，故相值而無礙。』〔一〕此則未明視差之理，爲智者千慮之失。

〔一〕《夢溪筆談》卷七《象數一》。

論無星之天

問：　古以恒星不動，七曜常移，故有蟻行磨上之喻。今恒星東移，既與七曜同法，則恒星亦是蟻而非磨，故雖宗動無星，可信其有也。然西法又謂動天之外有静天，何以知之？

曰：　此亦可以理信者也。凡物之動者，必有不動者以爲之根。動而不息者莫如天，則必有常不動者以爲之根矣。天之有兩極也，亦如磑之有臍、户之有樞也。樞不動，故户能開闔；臍不動，故磑能運旋。若樞與臍動，則開闔運旋之用息矣。然樞能制户，臍能運磑，而此二者又誰制之而能不動哉？則以其所麗者常静也如户之樞附於屋，而屋仍有基，基即地也。臍植於磑之下半，而磑安於架，架仍在地也。人但知樞之於户、臍之於磑，能以至小爲至大之君，而不知此至小者之根又實連於大地之體。唯天亦然，動天之周，繫於兩極，而此兩極者必有所麗，其所麗者又必常静，故能終古凝然而爲動天之樞也。使其不然，極且自動，而何以爲動天之所宗乎？

或曰：　天不可以户磑擬也。户磑，物也，天則一氣旋轉而已，豈必有所附着而後其樞不動哉？

曰：　天之異於物者，大小也，若以不動爲動之根，無異理也。且試以實測徵之。自古言北極出地三十六度，而陽城之測至今未改也。《元史》測大都北極之高四十度半，今以西測徵之，亦無分寸之移，故言歲差者不及焉如黄赤古遠今近、日輪轂漸近地心之類，皆有今昔之差，惟北極出地之度不變。使天惟兀然浮空，而又常爲動而不息之物，北極高下亦將改易，而何以高度常有定測乎？朱子嘗欲先論太虛之度，然後次及天行，太虛者，静天之謂也。朱子曰：『而今若就天裏看時，只是行得三百六十五度四分度之一，若把天外来説，則是一日過了一度。蔡季通嘗言，論日月則在天裏，論天則在太虛空裏，若在太虛空裏觀那天，自是日日衮得不在舊時處。』〔一〕又曰：『曆法，蔡季通説當先論天行，次及七政，此亦未善。要當先論太虛，以見三百六十五度四分度之一，一定位，然後論天行，以見天度加損虛度之歲分。歲分既定，然後七政乃可齊耳。』〔二〕

臨川吴氏曰：『天與七政，八者皆動。今人只將天作硬盤，却以七政之動在天盤上行，今當以太虛中作一空盤，却以八者之行較其遲速。』〔三〕

〔一〕《朱子語類》卷二《理氣下》。『日日』，《朱子語類》原書作『日月』。
〔二〕《朱子語類》卷二《理氣下》。
〔三〕《吴文正集》卷二《答問·答人問性理》。

論無星之天其二

問：静天爲兩極所麗，即朱子所言太虚是已。然西法又設東西歲差、南北歲差二重之天，其説何居？

曰：西人象數之學，各有授受師説，〔一〕故其法亦多不同。此兩歲差之天，利西泰言之，徐文定公作《曆書》時，湯、羅諸西士棄不復用，厥後穆氏著《天步真原》，北海薛氏本之著《天學會通》，則又用之，故知其授受非一家也。今即其説推之，則穆與利又似不同，何也？西人測驗，謂黄赤之距漸近，此亦可名南北差，若東西歲差，則恒星之東移是已。而恒星既爲一重天，不應復有東西歲差之天，則西泰所言不知何指也。至於穆、薛之説，則又不正言南北東西兩歲差，而别有加算，謂之黄道差、春分差。其法皆作小圈於心，而大圈之心循之而轉，若干年在前，若干年在後，其年皆以千計，有圖有數有法，且謂作《曆書》時棄之，非是也。然於西泰初説亦不知同異何如耳，〔二〕然則何以斷其有無？

〔一〕上圖乾隆本『授受師説』作『師授』。

〔二〕上圖乾隆本『西泰』作『泰西』。

曰：天，動物也，但動而有常耳。常則久，久則不能無秒忽之差。差在秒忽，固無損於有常之大較，而要之其差亦自有常也。善步者以數合差，而得其衰序，則儼然有形可說、有象可圖焉。如小輪之類，皆是物也。要之爲圖爲說，總以得其差數而止，其數既明，其差既得，又何必執其形象以生聚訟哉？

論天重數

問：七政既有高下，恒星又復東移，動天一日一周，静天萬古常定，則天之重數豈不截然可數與？

曰：此亦據可見之度、可推之數而知其必有重數耳，若以此盡天體之無窮，則有所不能。即以西説言之，有以天爲九重者，則以七曜各居其天，并恒星宗動而九也；有以天爲十二重者，則以宗動之外，復有南北歲差、東西歲差，并永静之天十二也。有以天爲層層相裹，如葱頭之皮密密相切，略無虚隙者，利氏之初説也。又有以天雖各重，而其行度能相割、能相入，以是爲天能之無盡者，則以火星有時在日天之下，金星有時在日天之上，而爲此言，《曆書》之説也。又有以金水二星遶日旋轉，爲太陽之輪，故二星獨不經天，是金水太陽合爲一重，而九重之數又减二重，共爲七重也，然又謂五星皆以太陽爲本天之心，蓋如是，則可以免火星之下割日天，是又將以五星與太陽并爲一天，而只成四重也一月天，二太陽五星共爲一天，三恒星天，四宗動天。其説之不同如此，而莫不持之有故，其可以爲定議乎？嘗試論之，天一而已，以言其渾淪之體，則雖不動之地，可指爲大圜之心，而地以上即天，地之中亦天，不容有二。若由其蒼蒼之無所至極，以徵其體勢之高厚，則雖恒星同在一天，而或亦有高下之殊。儒者之言天也，當取其明確可徵之辭，而略其荒渺無稽之事。是故有可見之象，則可以知其有附麗之天；有可求之差，則可以知其有高下之等如恒星七政皆有象有差；有一種之行度，知其有一樞紐如動天無象可見而有行度。此皆實測之而有據者也。而有常動者以爲之運行，知其必有常静者以爲之根柢静天與地相應，故地亦天根。〔一〕此則以理斷之而不疑者也。若夫七政恒星相距之間，天宇遼闊，或空澄而精湛，或絪緼而彌綸，無星可測，無數可稽，固思議之所窮，亦敬授之所緩矣。

〔一〕上圖乾隆本『柢』作『抵』。

論天重數二

問：重數既難爲定，則無重數之説長矣。

曰：重數雖難定，而必以有重數爲長，何也？以七政之行非赤道也。臨川揭氏曰：天無層數，七政皆能動轉。試以水注圓器而急旋之，則見其中沙土諸物，近心者凝而不動，近邊者隨水而旋，又且遲速洄漩以成留逆諸行矣。又試以丸置於圜盤，而輒轉其盤，則其丸既爲圜盤所掣，與盤並行，而丸之體圓亦能自轉，而與盤相逆以成小輪之象矣。〔一〕此兩喻明切，諸家所未及，然以七政能自動而廢重數之説，猶未能無滯碍也，何也？謂天如盤，七政如丸，盤之與丸同在一平面，故丸無附麗而能與盤同行，又能自動也。若天則渾圓，而非平圓，又天體自行赤道，而七政皆行黄道，平斜之勢，甚相差違，若無本天以帶之，而但如丸之在盤，則七政之行，必總會於動天之腰圍分處，皆行赤道，而不能斜交赤道之内外以行黄道矣。故曰以有重數爲長也。

曰：天既有重數，則當如西人初説，七政在天，如木節在板，而不能自動矣。

〔一〕揭暄：《璇璣遺述》卷一、三，光緒二十五年刻鵠齋板。

曰：七政各居其天，原非如木節之在板也。各有小輪，皆能自動，但其動只在本所，略如人之目睛，未嘗不左右顧盼而不離眉睫之間也。若如板之有節，則小輪之法又將安施，即西説不能自通矣。故惟七政各有本天以爲之帶動，斯能常行於黄道而不失其恒，惟七政之在本天，又能自動於本所，斯可以施諸小輪而不礙，揭説與西説固可並存而不廢者也。

論左旋

問：天左旋，日月五星右旋，中西兩家所同也。自横渠張子有俱左旋之説，而朱子、蔡氏因之，近者臨川揭氏、建寧游氏又以槽丸盆水譬之，此孰是而孰非？

曰：皆是也。七曜右旋，自是實測，而所以成此右旋之度，則因其左旋而有動移耳。何以言之？七曜在天，每日皆有相差之度，曆家累計其每日差度，積成周天，中西新舊之法，莫不皆然。夫此相差之度，實自西而東，故可以名之右旋。然七曜每日皆東升西降，故又可以名之左旋。西曆謂七曜皆有東西兩動，而並出於一時，蓋以此也。夫既云動矣，動必有所向，而一時兩動，其勢不能，古人所以有蟻行磨上之喻，而近代諸家又有人行舟中之比也七曜如人，天如舟，舟揚帆而西，人在舟中，向舟尾而東行，岸上望之，則見人與舟並西行矣。又天之東升西没，自是赤道，七曜之東移於天，自是黄道，兩道相差南北四十七度，自短規至長規，合之得此數，雖欲爲槽丸盆水之喻，而平面之行與斜轉之勢，終成疑義，安可以遽廢右旋之實測，而從左轉之虚理哉？然吾終謂朱子之言不易者，則以天有重數耳。

曰：天有重數，何以能斷其爲左旋？

曰：天雖有層次，以居七曜，而合之總一渾體，故同爲西行也。同爲西行矣，而仍有層次，以生微差。層次之高下各殊，則所差之多寡亦異，故七曜各有東移之率也。然使七曜所差只在東西順逆、遲速之間，則槽丸盆水之譬，亦已足矣。無如七曜東移，皆循黃道而不由赤道，則其與動天異行者，不徒有東西之相違，而且有南北之異向。以此推知，七曜在各重之天皆有定所，而其各天又皆順黃道之勢，以黃道爲其腰圍中廣，而與赤道爲斜交，非僅如丸之在槽、沙之在水，皆與其器平行，而但生退逆也丸在槽，與其盤爲平面；沙在水，與其器爲平面。故丸與盤同運而生退逆，水與沙並旋而生退逆。其順逆兩象，俱在一平面。蓋惟其天有重數，故能動移。惟其天之動移皆順黃道，斯七曜東移皆在黃道矣，是故左旋之理得重數之説而益明。

曰：謂右旋之度，因左旋而成，何也？

曰：天既有重數矣，而惟恒星天最近動天，故西行最速，幾與動天相若六七十年始東移一度。自土星以内，其動漸殺，以及於地球，是爲不動之處。則是制動之權，全在動天，而恒星以内皆随行也。使非動天西行，則且無動，無動即無差，又何以成此右旋之算哉？其勢如陶家之有鈞盤，運其邊，則全盤皆轉，又如運重者之用飛輪，其運動也，亦以邊制中。假令有小盤、小輪附於大鈞盤大飛輪之上，而别爲之樞，則雖同爲左旋，而因其制動者在大輪，其小者附而随行，必相差而成動移，以生逆度；又因其樞之不同也，雖有動移，必與本樞相應而成斜轉之象焉此之斜轉，亦在平面，非正喻其平斜，但聊以明制動之勢。夫其退逆而右也，因其兩輪相疊；其退轉而斜行也，因於各有本樞；而其所以能退逆而斜轉者，則以其随大輪之行而生此動移也。若使大者停而不行，則小者之逆行亦止，而斜轉之勢亦不可見矣。朱子既因舊説釋《詩》，又極取張子左旋之説，蓋右旋者已然之故，而左旋者則所以然之理也。西人知此，則不必言一時兩動矣。故揭氏以丸喻七曜，只可施於平面，而朱子以輪載日月之喻，兼可施諸黄赤，與西説之言層次者實相通貫。理至者數不能違，此心此理之同，洵不以東海西海而異也。〔一〕《朱子語類》：『問經星左旋，緯星與日月右旋，是否？曰：今諸家是如此説。横渠説天左旋，日月亦左旋。看来横渠之説極是，只恐人不曉，所以《詩傳》只載舊説。或曰：此亦易見，如以一大輪在外，一小輪載日月在内，大輪轉急，小輪轉慢，雖都是左轉，只有急有慢，便覺日月是右轉了。〔二〕曰：然。但如此則曆家逆字皆着改做順字，退字皆着改做進字。』〔三〕

〔一〕上圖乾隆本無『洵』字。
〔二〕《朱子語類》原文『是』作『似』字。
〔三〕《朱子語類》卷二《理氣下》。

論黄道有極

問： 古者但言北辰，渾天家則因北極而推其有南極。今西法乃復立黄道之南北極，一天而有四極，何也？

曰： 求經緯之度，不得不然也。蓋古人治曆，以赤道爲主，而黄道從之。故周天三百六十五度皆從赤道分，其度一一與赤道十字相交。引而長之，以會於兩極。若黄道之度，雖亦匀分周天三百六十五，而有經度、無緯度，則所分者，只黄道之一綫，初不據以分宫，故授時十二宫惟赤道匀分，各得三十度奇；黄道則近二至者，一宫或只二十八度，近二分者，一宫多至三十二度皆約整數。若是其濶狹懸殊者何哉？過宫雖在黄道，而分宫仍依赤道，赤道之匀度，抵黄道而成斜交，勢有横斜，遂生濶狹，故曰以赤道爲主，而黄道從之也。向使曆家只步日躔，此法已足，無如月五星皆依黄道行，而又有出入，其行度之舒亟轉變，爲法多端，皆以所當黄道及其距黄之遠近内外爲根，故必先求黄道之經緯。西曆之法，一切以黄道爲主。其法匀分黄道周天度爲十二宫，其分宫分度之經度綫，皆一一與黄道十字相交。自此引之，各成經度大圈，以周於天體，則其各圈相交，以爲各度輳心之處者，不在赤道南北極，而别有其心，是黄道之南北極。

爲自黄道兩極出綫至黄道[一]即黄道上分宫分度之綫，引而成大圈以輳心者也，心即黄極，故亦可云從極出綫，其緯各得九十度而均極距黄道，四面皆均，故分宫分度綫上之緯度皆均，以此各綫之緯聯爲圈綫，皆與黄道平行，自黄道上相離一度起，逐度作圈，但其圈漸小，以至九十度，則成一點，而會於黄極，是爲緯圈一名距等圈。

曰：黄道既有經緯，則必有所宗之極，測算所需固已，然則爲測算家所立歟？抑真有是以爲運轉之樞耶？

曰：以恒星東移言之，則真有是矣。何則古法歲差亦只在黄道之一綫？今以恒星東移，則普天星斗盡有古今之差，惟黄道極終古不動，豈非真有黄極以爲運轉之樞哉！曰：然則北辰非黄極也，今曰惟黄極不動，豈北辰亦動與？曰：以每日之周轉言，則周天星度皆東升西没，惟北辰不動；以恒星東移之差言，則雖北辰亦有動移，而惟黄極不動。蓋動天西旋，以赤道之極爲樞，而恒星東移，以黄道之極爲樞，皆本實測，各有至理也古今測極星離不動處漸遠，具見前篇。

[一]『是黄道之南北極。爲自黄道兩極出綫至黄道』，兼濟堂本、上圖乾隆本、文淵閣四庫本作『是爲黄道之南北極。自黄道兩極出綫至黄道』。

論曆以日躔爲主中西同法

問：天方等國以太陰年紀歲即回回法，歐邏巴國以恒星年紀歲即西洋本法，若是其殊，意者起算之端，亦將與中土大異，而何以皆用日躔爲主歟？

曰：其紀歲之不同者，人也；其起算之必首日躔者，天也。夫天有日，如國有君，史以紀國事，曆以紀天行，而史之綱在帝紀，曆之綱在日躔，其義一也。是故太陰之行度多端，無以準之，準於日也太陰有周天、有會望、有遲疾入轉、有交道表裏，皆以所歷若干日而知其行度之率；五星之行度多端，無以準之，準於日也五星亦有周天、有會望、有盈縮入曆、有交道表裏，略同太陰，亦皆以日數爲率；恒星之行度甚遲，無以準之，亦準於日也恒星東移，是生歲差，亦以日度知之，而得其行率。不先求日躔，且不能知其何年何日，而又何以施其測驗推步哉？且夫天下之事，必先得其著，而後可以察其微；必先得其易，而後可以及其難；必先得其常，而後可以盡其變。故以測驗言之，日最著也；以推步言之，日最易也；以經緯之度言之，日最有常也。懸象常明而無伏見，是爲最著若月與星，則有晦伏；立術步算，道簡不繁，是爲最易步月五星之法，皆繫於日。恒星東移而分至不易，是爲經度之有常；月五星出入黄道，而日行黄道中綫，是爲緯度之有常。古之聖人以賓餞永短，定治曆之大法，萬世遵行，所謂易簡，而天下之理得也。愚故曰今日之曆愈密，皆聖人之法所該，此其一徵矣。

論黄道

問：黄道斜交赤道，而差至四十七度，何以徵之？

曰：此中西之公論，要亦以日軌之高下知之也。今以表測日影，則夏至之景短，以其日近天頂，而光從直下也；冬至之景長，以其日不近天頂，而光從横過也。夫日近天頂則離地遠，而地上之度高；日不近天頂則離地近，而地上之度低。測算家以法求之，則夏至之日度高與冬至之日度高相較四十七度，半之則二十三度半，爲日在赤道南北相距之度也。然此相較四十七度者，非倏然而高，頓然而下也。逐日測之，則自冬至而春而夏，其景由長漸短，日度由低漸高，至夏至乃極；自夏至而秋而冬，其景由短漸長，日度由高漸低，至冬至乃極。其進退也有序，其舒亟也有恒，而又非平差之率，故知其另有一圈，與赤道相交出其内外也。

曰：日行黄道，固無可疑。月與五星樊然不齊，未嘗正由黄道也。今曰七曜皆由黄道，何也？

曰：黄道者，光道也古黃字从艾从日，艾字，即古光字。日爲三光之主，故獨行黄道，而月五星從之，雖不得正由黄道，而不能遠離，故皆出入於黄道左右，要不過數度止耳。古曆言月入陰陽曆，離黄道遠處六度，西曆測止五度奇，又測五星出入黄道，惟金星最遠，能至八度，其餘緯度乃更少於太陰，是皆以黄道爲宗故也。故月離黄道五度奇，合計内外之差共只十度奇，若其離赤道也，則有遠至二十八度半以黄道距赤道二十三度半，加月道五度奇，得之，合計内外之差，則有相差五十七度奇以月在赤道内二十八度半，在外亦如之，併之得此數；金星離黄道八度奇，合計内外之差，共只十六度奇，若其離赤道也，則有遠至三十一度奇以黄赤之距加星距黄，合計内外之差，則有相差六十二度奇以星距赤道内外各三十一度得之。是月五星之出入黄道最遠者，於赤道能爲更遠，豈非不宗赤道而皆宗黄道哉？

論經緯度黄赤

問：黄道有極，以分經緯，然則經緯之度，惟黄道有之乎？

曰：天地之間，蓋無在無經緯耳。約略言之，則有有形之經緯，有無形之經緯，而又各分兩條，曷言乎無形之經緯？凡經緯之與地相應者，其位置雖在地，而實在無形之天，朱子所謂先論太虚、一一定位者，此也。曷言乎有形之經緯？凡經緯之在天者，雖去人甚遠，而有象可徵，即黄赤道也。是故黄道有經緯，赤道亦有經緯。兩道之經度，皆與本道十字相交，引而成大圈經度皆三百六十，兩度相對者連而成大圈，故大圈皆一百八十，其圈相會相交，必皆會於其極。兩道之緯圈，皆與本道平行而逐度漸小，以至於本極而成一點。此經緯之度，兩道同法也。然而兩道之相差二十三度半，故其極亦相差二十三度半，而兩道緯圈之差數如之矣以黄緯爲主，則赤緯之斜二十三度半；以赤緯爲主而觀黄緯，則其差亦然。若其經度，則兩道之相同者，惟有一圈惟磨羯、巨蟹之初度初分聯而爲一圈，此圈能過黄赤兩極，其餘則皆有相差之度，而其差又不等惟一圈能過兩極，則黄赤兩經圈合而爲一圈，以黄赤兩極同居磨羯、巨蟹之初也。此外則黄道經圈只能過黄極而不過赤極，赤道經圈亦只過赤極而不過黄極，離磨羯、巨蟹初度益遠，其勢益斜，其差益多，故逐度不等。此其勢如以兩重罾網冒於圓球，則網目交加，縱横錯午，而各循其頂以求之，條理井然，至賾而不可亂。故曰在天之經緯有形，而又分黄赤兩條也。

論經緯度二 地平

問：經緯之與地相應者，一而已矣，何以亦分兩條？

曰：黄赤之分兩條者，有斜有正也；地度之分兩條者，有横有立也。今以地平分三百六十經度三十度爲一宫，共十二宫，再剖之，則二十四向，四面八方皆與地平圈爲十字，而引長之成曲綫以輳於天頂，皆相遇成一點。故天頂者，地平經度之極也其經度下達而輳於地心亦然。又將此曲綫各匀分九十緯度即地平上高度，又謂之漸升度，而逐度聯之，作横圈與地面平行，而漸高則漸小，會於天頂則成一點，即地平緯圈也其地平下作緯圈至地心亦然。如太陽朦影十八度而盡、太陰十二度而見之類，皆用此度也。此地平經緯之度，爲測驗所首重，其實與太虚之定位相應者也。然此特直立之經緯耳其經緯以天頂、地心爲兩極，是直立也。其地平即腰圍廣處，而緯圈與地平平行，漸小而至天頂，亦成直上之形矣。又有横偃之經緯焉，其法以卯酉圈匀分三百六十度亦三十度爲一宫，此圈上過天頂，下過地心，而正交地平於卯酉之中，即地平經圈之一也。其三百六十度亦即經圈上所分緯度，但今所用，只圈上分度之一點，而不更作與地平平行之緯圈，從此度分作十字相交之綫，引而成大圈其圈一百八十，半在地平之上，半在其下。其地平上半圈，皆具半周天度勢，皆自正北趨正南，穹窿之勢與天相際，度間所容中闊而兩末鋭，略如剖瓜，其兩鋭在南北，其中濶在卯酉，大圈相遇相交，皆會於正子午而正切地平，即子午規與地平規相交之一點在地平直立經緯，原用子午規、卯酉規爲經圈，地平規爲腰圍之緯圈。今則以卯酉規爲腰圍，而子午規與地平規則同爲經度圈，此一點即爲經度之極而經度宗焉立象學安十二官，用此度也。又自卯酉規向南向北逐度各作半圈如虹橋狀，而皆與卯酉規平行地平下半圈亦然，合之則各成全圈，但離卯酉規漸遠，亦即漸小以會於其極即地平規之正子午一點，是其緯圈也測算家以立晷取倒影定時，用此度也。此一種經緯，則爲横偃之度其經度以地平之子午爲兩極，而以卯酉規爲其腰圍，是横偃之勢。一直立，一横偃，其度皆與太虚之定位相應，故曰無形之經緯，亦分兩條也。不但此也，凡此無形之經緯，皆以人所居之地平起算，所居相距不過二百五十里即差一度此以南北之里數言也。若東西則有不二百五十里而差一度者矣，何也？地圓故也，而所當之天頂地平俱變矣。地平移則高度改，天頂易則方向殊，跬步違離，輾轉異視，殆千變而未有所窮，故曰天地之間，無在無經緯也。

地平經緯有適與天度合者，如人正居兩極之下，則以一極爲天頂，一極爲地心，而地平直立之經緯，即赤道之經緯矣。若正居赤道之下，則平視兩極，一切地平之子，一切地平之午，而地平横偃之經緯，亦即赤道之經緯矣。〔一〕

〔一〕上圖乾隆本有梅㲄成識：『按：篇中所言地心，乃地平下半周天與地中心正對之處。若從天頂出直綫過地中心而抵地下之半周天，必當其處，似宜名爲天頂冲，免與地中之心相混，後篇仿此。㲄成敬識。』

論經緯相連之用及十二宫

問：經緯度之交錯如此，得無益增測算之難乎？

曰：凡事求之詳，斯用之易。惟經緯之詳，此曆學所以易明也，何也？凡經緯度之法，其數皆相待而成，如鱗之相次，綱之在綱，衰序秩然而不相凌越，根株合散，交互旁通，有全則有分，有正則有對，即顯見隱，舉二知三，故可以經度求緯，亦可以緯度求經。有地平之經緯，即可以求黄赤；有黄赤之經緯，亦可以知地平。而且以黄之經求赤之經，亦可以黄之緯求赤之經；以黄之緯求赤之緯，亦可以黄之經求赤之緯。用赤求黄，亦復皆然，宛轉相求，莫不吻合。施於用，從衡變化而不失其常；求其源，渾行無窮而莫得其隙。夫是以布之於算而能窮差變，筆之於圖而能肖星躔，制之於器而不違懸象。此其道如棋，方罫之間，固善奕者之所當盡心也。

曰：經緯之度既然，以爲十二宫則何如？

曰：十二宫者，經緯中之一法耳。渾圓之體，析之則爲周天經緯之度，周天之度，合之成一渾圓，而十二分之則十二宫矣。然有直十二宫焉，有衡十二宫焉，有斜十二宫焉，又有百游之十二宫焉。以天頂爲極，依地平經度而分者，直十二宫也。其位自子至卯，左旋周十二辰，辨方正位，於是焉用之。以子午之在地平者爲極，而以地平子午二規爲界，界各三宫者，衡十二宫也。其位自東地平爲第一宫起，右旋至地心，又至西地平而歷午規以復於東，立象安命，於是乎取之。赤道十二宫，從赤道極而分，極出地有高下，而成斜立，是斜十二宫也。加時之法，於是乎取之，則其定也；西行之度，於是乎紀之，則其游也。黄道十二宫從黄道極而分，黄道極繞赤道之極而左旋。而黄道之在地上者，從之轉側，不惟日異，而且時移，晷刻之間，周流遷轉，〔一〕正邪升降之度，於是乎取之，故曰百游十二宫也。然亦有定有游，定者分至之限，游者恒星歲差之行也。知此數種十二宫，而俯仰之間，縷如掌紋矣。然猶經度也，未及其緯，故曰經緯中之一法也。

〔一〕上圖乾隆本『遷』作『千』。

論周天度

問：古曆三百六十五度四分之一，而今定爲三百六十，何也？豈天度亦可增損與？

曰：天度何可增減，蓋亦人所命耳。有布帛於此，以周尺度之，則於度有餘；以漢尺度之，則適足。尺有長短耳，於布帛豈有增損哉？

曰：天無度，以日所行爲度，每歲之日既三百六十五日又四之一矣。古法據此以紀天度，宜爲不易，奈何改之？

曰：古法以太陽一日所行命之爲度，然所謂四之一者，訖無定率。故古今公論，以《四分曆》最爲疏闊，而歷代斗分，諸家互異，〔一〕至《授時》而有減歲餘、增天周之法，則日行與天度較然分矣。又況有冬盈夏縮之異，終歲之間，固未有數日平行者哉。故與其爲畸零之度而初不能合於日行，即不如以天爲整度而用爲起數之宗，固推步之善法矣周天者，數所從起，而先有畸零，故析之而爲半周天，爲象限，爲十二宫，爲二十四氣、七十二候，莫不先有畸零，而日行之盈縮不與焉，故推步稍難。今以周天爲整數，而但求盈縮，是以整御零，爲法倍易。

〔一〕上圖乾隆本「異」作「易」。

且所謂度生於日者，經度耳，而曆家所難，尤在緯度。今以三百六十命度，則經緯通爲一法。若以歲周命度，則經度既有畸零，準之以爲緯度，畸零之算愈多。若爲兩種度法，則將變率相從，益多糾葛。故黄赤雖有正斜，而度分可以互求；七曜之天雖有内外大小，而比例可以相較，以其爲三百六十者同也。半之則一百八十，四分之則九十，而八綫之法緣之以生。故以製測器，則度數易分；以測七曜，則度分易得；以算三角，則理法易明。吾取其適於用而已矣，可以其出於回回、泰西而棄之哉三百六十立算，實本回回，至歐羅巴乃發明之耳？況七曜之順逆諸行，進退損益，全在小輪，爲推步之要眇。然而小輪之與大輪比例懸殊，若鎰與銖，而黍累不失者，以其度皆三百六十也。以至太陰之會望轉交，五星之歲輪，無一不以三百六十爲法，而地球亦然。故以日躔紀度，但可施於黄道之經，而整度之用，該括萬殊，斜側縱横，周通環應，可謂執簡御棼，法之最善者矣。

曆學疑問卷三

論盈縮高卑

問：日有高卑加減，始於西法與？

曰：古曆有之，且詳言之矣，但不言卑高，而謂之盈縮耳。

曰：日何以有盈縮？

曰：此古人積候而得之者也。秦火以還，典章廢闕，漢晉諸家，皆以太陽日行一度，故一歲一周天。自北齊張子信積候合蝕加時，始覺日行有入氣之差，而立爲損益之率，又有趙道嚴者，復準晷景長短，定日行進退，更造盈縮，以求虧食。至隋劉焯立躔度與四序升降，爲法加詳，厥後皆相祖述，以爲步日躔之準。蓋太陽行天三百六十五日，惟只兩日能合平行一在春分前三日，一在秋分後三日，一年之内能合平行者，惟此二日，此外日行皆有盈縮。而夏至縮之極，每日不及平行二十分之一；冬至盈之極，又過於平行二十分之一。兩者相較，爲十分之一，以此爲盈縮之宗，而過此皆以漸而進退焉。此盈縮之法所由立也。

曰：日躔既每日有盈縮，則歲周何以有常度？

曰：日行每日不齊，而積盈積縮之度，前後自相除補，故歲周得有常度也細考之，古今歲周亦有微差，此只論其大較，則實有常度。今以《授時》之法論之，冬至日行甚速，每日行一度有奇，歷八十八日九十一刻，當春分前三日而行天一象限古法周天四之一爲九十一度三十分奇，下同，謂之盈初曆。此後則每日不及一度，其盈日損，歷九十三日七十一刻，當夏至之日，復行天一象限，謂之盈末曆。夫盈末之行每日不及一度，而得爲盈曆者，以其前此之積盈未經除盡，總度尚過於平行，故仍謂之盈。若其每日細行，固悉同縮初，此盈末縮初可爲一法也。試以積數計之，盈初日數少而行度多，其較爲二度四十分；盈末日數多而行度少，其較亦二度四十分。以盈末之所少，消盈初之所多，則以半歲周之日共一百八十二日六十二刻奇，行半周天之度一百八十二度六十二分奇，而無餘度矣。夏至日行甚遲，每日不及一度，歷九十三日七十一刻，當秋分後三日而行天一象限，謂之縮初曆。此後則每日行一度有奇，其縮日損，歷八十八日九十一刻，復當冬至之日而行天一象限，謂之縮末曆。夫縮末之行每日一度有奇，而亦得爲縮曆者，以其前此之積縮未能補完，總度尚後於平行，故仍謂之縮。若其每日細行，則悉同盈初，此縮末盈初，可爲一法也。試以積數計之，縮初日數多而行度少，其較爲二度四十分；縮末日數少而行度多，其較亦二度四十分。以縮末之所多，補縮初之所少，則亦以半歲周之日，行半周天之度而無欠度矣。夫盈曆縮曆既皆以前後自相除補而無餘欠，則分之而以半歲周行半周天者，合之即以一歲周行一周天，安得以盈縮之故，疑歲周之無常度哉？

再論盈縮高卑

問：日有盈縮是矣，然何以又謂之高卑？

曰：此則回回、泰西之説也。其説曰：太陽在天，終古平行，原無盈縮，人視之有盈縮耳。夫既終古平行，視之何以得有盈縮哉？蓋太陽自居本天，而人所測其行度者，則爲黄道。黄道之度，外應太虛之定位即天元黄道，與静天相應者也，其度匀剖，而以地爲心，太陽本天，度亦匀剖，而其天不以地爲心，於是有兩心之差而高卑判矣。是故夏至前後之行度未嘗遲也，以其在本天之高半，故去黄道近而離地遠，遠則見其度小謂太陽本天之度，而人自地上視之，遲於平行矣縮初盈末半周，是太陽本天高處，故在本天行一度者，在黄道不能占一度，而過黄道遲，是則行度之所以有縮也；冬至前後之行度未嘗速也，以其在本天之低半，故去黄道遠而離地近，近則見其度大亦謂本天之匀度，而人自地上視之，速於平行矣盈初縮末半周，是太陽本天低處，故在本天行一度者，在黄道占一度有餘，而過黄道速，是則行度之所以有盈也。且夫行度有盈縮，而且日日不同，則不可以籌策御，而今以圓法解之，不同心之理通之。在高度不得不遲，在卑度不得不速。高極而降，遲者不得不漸以速；卑極而升，速者不得不漸以遲。遲速之損益，循圜周行，與算數相會，是則盈縮之徵於實測者皆一一能得其所以然之故。此高卑之説，深足爲治曆明時之助者矣。

太陽之平行者在本天，太陽之不平行者在黄道。平行之在本天者終古自如，不平行之在黄道者晷刻易率。惟其終古平行，知其有本天；惟其有本天，斯有高卑，以生盈縮。不平行之率，以平行而生者也。惟其盈縮多變，知其有高卑；惟其盈縮生於高卑，驗其在本天平行。平行之理，又以不平行而信者也。夫不平行之與平行，道相反矣。而求諸圜率，適以相成，是蓋七曜之所同然，而在太陽尤爲明白而易見者也月五星多諸小輪加減，故本天不同心之理，惟太陽最明。

論最高行

問：以高卑疏盈縮確矣，然又有最高之行，何耶？

曰：最高非他，即盈縮起算之端也。盈縮之算既生於本天之高卑，則其極縮處即爲最高，如古法縮曆之起夏至也；極盈處即爲最卑，如古法盈曆之起冬至也亦謂之最高冲，或省曰高衝。然古法起二至者，以二至即爲盈縮之端也。西法則極盈極縮不必定於二至之度，而在其前後，又各年不同，故最高有行率也。其説曰：上古最高在夏至前，今行過夏至後，每年東移四十五秒今又定爲一年行一分一秒十微。何以徵之？

曰：凡最高爲極縮之限，則自最高以後九十度，及相近最高以前九十度，其距最高度等，則其所縮等，何也？以視度之小於平度者並同也古法以盈末縮初通爲一限，亦是此意。高衝爲極盈之限，則自高衝以後九十度，及相近高衝以前九十度，其距高衝度等，則其所盈亦等，何也？以視度之大於平度者並同也古法以縮末盈初通爲一限，亦是此意。今據實測，則自定氣春分至夏至一象限即古盈末限之日數，與自夏至後至定氣秋分一象限即古縮初限之日數，皆多寡不同；又自定氣秋分至冬至一象限即古縮末限之日數，〔一〕

〔一〕上圖乾隆本『古縮末限』作『古盈初限』。

與自冬至後至定氣春分一象限即古盈初限之日數，〔一〕亦多寡不同。由是觀之，則極盈極縮不在二至明矣。

曰：若是，則古之實測皆非與？

曰：是何言也？言盈縮者始於張子信，而後之曆家又謂其損益之未得其正。由今以觀，則子信時有其時盈縮之限，後之曆家又各有其時盈縮之限，測驗者各據其時之盈縮爲主，則追論前術，覺其未盡矣，此豈非最高之有動移乎？又古之盈縮皆以二十四氣爲限，至郭太史始加密算，立爲每日每度之盈縮加分與其積度。由今考之，則郭太史時最高卑與二至最相近自曆元戊辰逆溯至元辛巳三百四十八年，而最高卑過二至六度。以今率每年最高行一分一秒十微計之，其時最高約與夏至同度。以西人舊率每年高行四十五秒計之，其時最高已行過夏至一度三十餘分，其距度亦不爲甚遠也。故盈縮起二至，初無謬誤，測算雖密，只能明其盈縮細分，若最高距至之差，無緣可得，非考驗之不精也。

〔一〕上圖乾隆本無「與自冬至後至定氣春分一象限即古盈初限之日數」。

論高行周天

問：最高有行能周於天乎？抑只在二至前後數十度中，東行而復西轉乎？

曰：以理徵之，亦可有周天之行也。

曰：然則何以不徵諸實測？

曰：無可據也。《曆法西傳》曰：『古西士去今一千八百年，以三角形測日軌，記最高在申宫五度三十五分。』今以年計之，當在漢文帝七年戊辰自漢文帝戊辰順數至曆元戊辰，積一千八百算外，此時西曆尚在權輿。越三百餘年，至多禄某而諸法漸備。然則所謂古西士之測算，或非精率，然而西史之所據止此矣。又況自此而逆溯於前，將益荒遠，而高行之周天，以二萬餘年爲率，亦何從而得其起算之端乎？是故以實測而知其最高之有移動者，只在此千數百年之内，其度之東移者，亦只在二至前後一宫之間。若其周天，則但以理斷而已。

曰：以理斷其周天，亦有説與？

曰：最高之法，非特太陽有之，而月五星皆然，其加减平行之度者，亦中西兩家所同也。故中曆太陽五星皆有盈縮，太陰則有遲疾，在西法則皆曰高卑視差而已。然則月孛者，太陰最高之度也，而月孛既有周天之度矣，太陽之最高，何獨不然？故曰以理徵之，最高得有周天之行也。

論小輪

問：以最高疏盈縮，其義已足，何以又立小輪？

曰：小輪即高卑也。但言高卑，則當爲不同心之天以居日月。小輪之法，則日月本天，皆與地同心，特其本天之周又有小輪爲日月所居。是故本天爲大輪，負小輪之心向東而移，日月在小輪之周即邊也，向西而行。大輪移一度，日月在小輪上亦行一度，大輪滿一周，小輪亦滿一周，而盈縮之度與高卑之距皆不謀而合。《回回曆》以七政平行爲中心行度，蓋謂此也。

歲輪圖

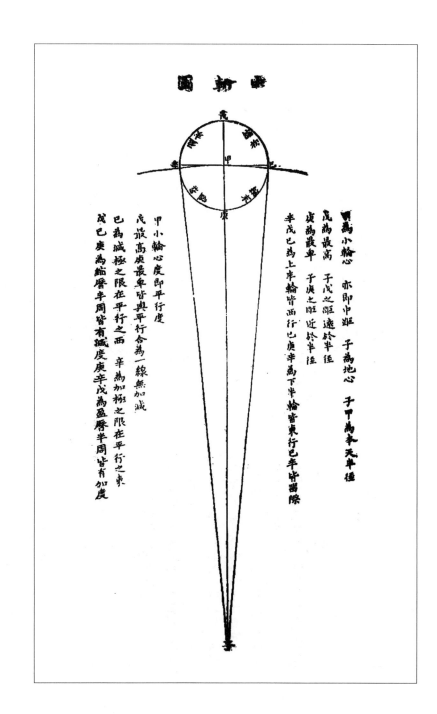

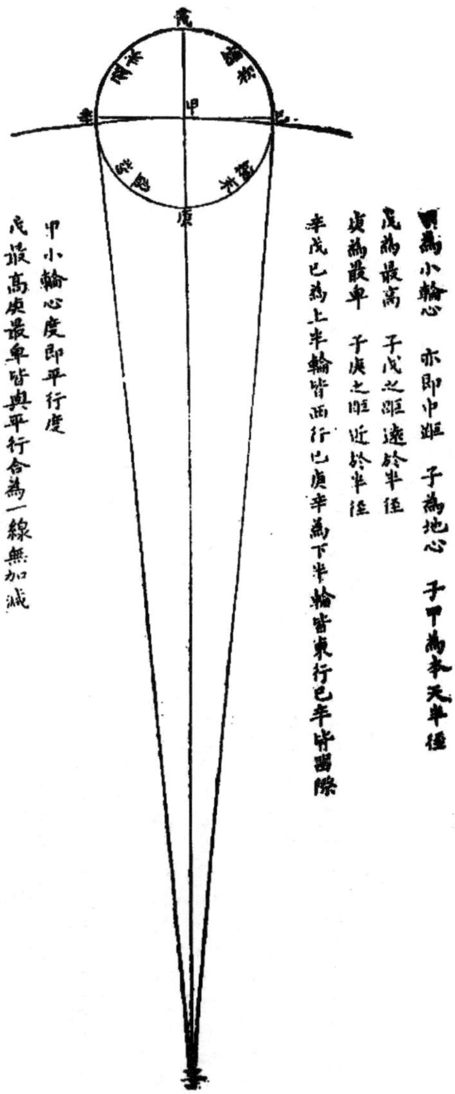
戊
甲
辛
己
庚
子
甲為小輪心　亦即中距　子為地心　子甲為本天半徑
戊為最高　子戊之距遠於半徑
庚為最卑　子庚之距近於半徑
辛戊己為上半輪皆西行己庚辛為下半輪皆東行己辛皆晦際
甲小輪心度即平行度
戊最高庚最卑皆與平行合為一線無加減
己為減極之限在平行之西　辛為加極之限在平行之東
戊己庚為縮曆半周皆有減度庚辛戊為盈曆半周皆有加度

小輪變不同心圈之圖

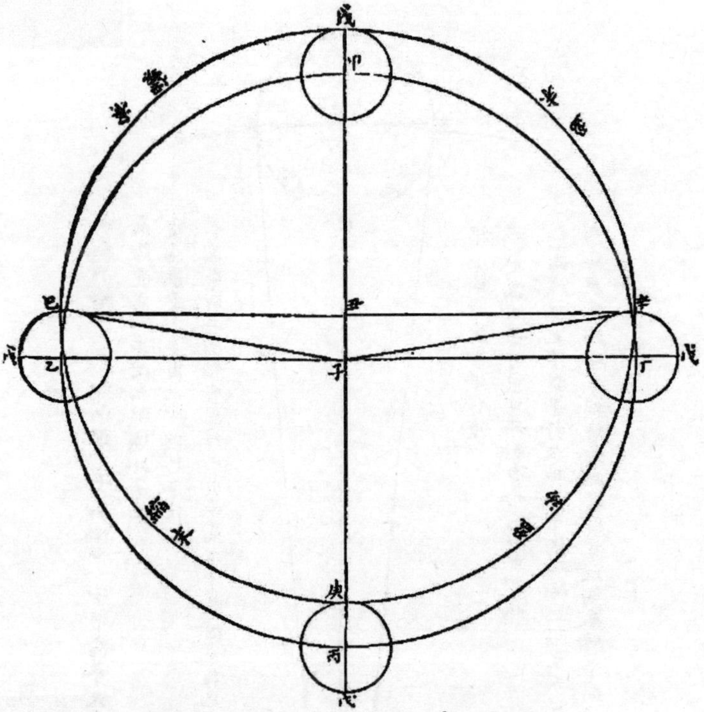

子爲地心
甲乙丙丁本天以地心爲心
小輪心從甲東行過乙至丙至丁而復盡
甲皆平行
日月在小輪之最高戊西行過巳至最卑
庚又至辛而復于戊以成視行加減
以小輪上日月所至戊巳庚辛諸點聯之
即成不同心圈
不同心之圈以丑爲心丑子兩心之差與
小輪半徑等戊甲丙庚

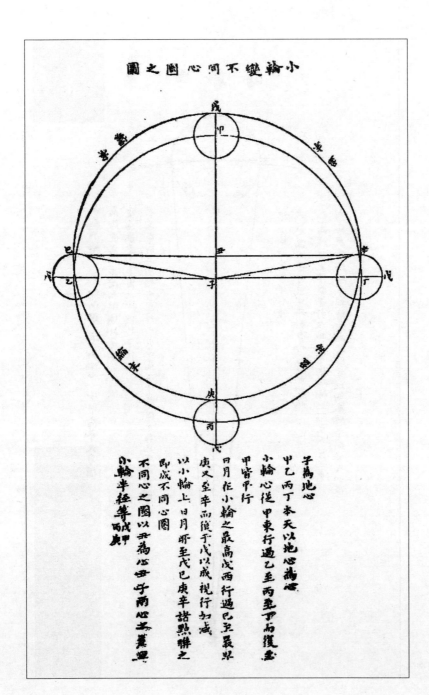

凡日月在小輪上半，順動天西行，故其右移之度遲於平行爲減； 在小輪下半，逆動天而東，故其右旋之度速於平行爲加五星同理。 若在上下交接之時，小輪之度直下不見其行，謂之留際。 留際者不東行，不西行，無減無加，與平行等，此小輪上逐度之加減以上下而分者也用第一圖，自辛留際過戊，最高至己，爲上半，皆西行； 自己留際過庚，最卑至辛，爲下半，皆東行。 己辛兩留際循小輪之旁，不見其動。

若以入表，則分四限，小輪上半折半取中爲最高，小輪下半折半取中則爲最卑。 最卑最高之點，皆對小輪心與地心而成直綫，七政居此，即與平行同度，故爲起算之端。 假如七政起最高，在小輪上西行，能減東移之度，半象限後西行漸緩，所減漸少，至一象限而及留際，不復更西，即無所復減。 然積減之多，反在留際，何也？ 七政至此，其視度距小輪心之西爲大也，在古法則爲縮初用第一圖，自戊至己一象限，其減度最大，爲己甲小輪半徑。 既過留際而下，轉而東行，本爲加度，因前有積減，僅足相補，其視行仍在平行之西，至一象限而及最卑，積減之數，始能補足，而復於平行，是爲縮末用第一圖，自己留際至庚最卑一象限。

又如七政至最卑，在小輪下東行，能加東移之度，半象限後東行漸緩，所加漸少，至一象限而又及留際，不復更東，亦無所復加。 然積加之多，亦在留際，何也？ 七政至此，其視度距小輪心之東爲大也，在古法則爲盈初第一圖，自庚最卑至辛留際一象限，加度最大，爲甲辛小輪半徑。 過留際而上，復轉西行，即爲減度，然因前有積加，僅足相消，其視行仍在平行之東，至一象限而復及最高； 積加之度始能消盡而復於平行，是爲盈末第一圖，自辛留際至戊最高一象限。 此則表中入算加減，從小輪之左右而分者也。

再論小輪及不同心輪

小輪之用有二。其一爲遲速之行，在古曆則爲日五星之盈縮、月之遲疾，西法則總謂之加減，即前所疏者是也。其一爲高卑之距，即《回回曆》影徑諸差是也。凡七政之居小輪最高，其去人遠，故其體爲之見小焉。其在最卑，去人則近，故其體爲之加大焉。驗之於日月交食，尤爲著明別條詳之。是故所謂平行者，小輪之心；而所謂遲速者，小輪之邊與其心前後之差即東西；所謂高卑者，小輪之邊與其心上下之距也。知有小輪，而進退加減之行度，遠近大小之視差，靡所不貫矣。

然則何以又有不同心之算？曰：不同心之法，生於小輪者也。試以第二圖明之，甲乙丙丁圈，七政之本天，即小輪心所行之道也。以子爲心，即地心也。假如小輪心在甲，則七政在戊，爲小輪最高；小輪心自甲東移一象限至乙，七政之在小輪，亦從戊西行一象限至己爲留際；小輪心東移滿半周至丙，七政在小輪亦行半周至庚爲最卑；由是小輪心東移滿二百七十度至丁，七政亦行小輪二百七十度至留際辛；小輪心東移滿一周復至甲，七政行小輪上亦行滿一周復至最高戊。若以小輪上七政所行之戊己庚辛諸點聯之，即成大圈，此圈不以地心爲心，而别有其心，故曰不同心圈也。如圖，地心在子，不同心圈之心在丑，丑子兩心之差與小輪之半徑等。故可以小輪立算者，亦可以不同心立算，而行度之加減，與視徑之大小，亦皆得數相符也。

論小輪不同心輪孰爲本法

問：二者之算悉符，果孰爲本法？

曰：晶宇寥廓，天載無垠。吾不能飛形御氣，翱步乎日月之表。小輪之在天，不知其有焉？否耶？然而以求朓朒之行，則既有其度矣；以量高卑之距，則又有其差矣。雖謂之有焉，可也。至不同心之算，則小輪實已該之，何也？健行之體，外實中虛。自地以上，至於月天，大氣所涵，空洞無物，故各重之天雖有高卑，而高卑兩際只在本天七政各重之天相去甚遠，其間甚厚，故可以容小輪。而其最高最卑，皆不越本重之內，非別有一不同之心遶地而轉也不同心之天既同動天西運，則其心亦將遶地而旋。況七政兩心之差，各一其率，若使其不同之心，皆繞地環行，亦甚渙而無統矣。愚故曰：不同心之算，生於小輪，而小輪實已該之。觀《回回曆》，但言小輪，可知其爲本法。而地谷於西術最後出，其所立諸圖，悉仍用小輪爲説，亦足以徵矣。

論小輪不同心輪各有所用

問：小輪與不同心輪既異名而同理，擇用其一，不亦可乎？

曰：論相因之理，則不同心之算從小輪而生；論測算之用，則小輪之徑亦從不同心而得。故推朓朒之度，於小輪特親小輪心即平行度也。從最高過輪心作綫至地心，爲平行指綫，剖小輪爲二，則小輪右半在平行綫西爲朒，左半在平行綫東爲朓，觀圖易了。而求最高之行，以不同心立算最切。然則其理互通，其用相輔，並存其説，亦足以見圜行之無方，而且可爲參稽之藉矣。

最高在天，不可以目視，不可以器測，惟據朓朒之度，以不同心之法測之，而得其兩心之差，是即爲小輪之半徑，於以作圖立算，而朓朒之故益復犂然。是故不同心者，即測小輪之法也。

論小輪心之行及小輪上七政之行皆非自動

問：小輪心逆動天而右旋，日月五星之在小輪也，又逆本天而順動天以左旋，何若是其交錯與？意者七政各有能動之性，而其動也，又恒以逆爲順與？今夫魚溯川而游，順鱗鬐也；鳥逆風而翔，便羽毛也。夫七政之行，亦將若是而已矣。

曰：子以小輪心自爲一物，而不與本天相連乎？

曰：非也。小輪心常在本天之周，殆相連耳。曰：七政居小輪之周，豈不若小輪心之在本天乎？

曰：然。

曰：然則小輪心在本天，七政在小輪，體皆相連，其非若魚之川泳、鳥之雲飛也，審矣。然則何爲而有動移？

曰：小輪心非能自動也。小輪之動，本天之動也。七政亦非自動也，七政之動，小輪之動也。其故何也？蓋小輪心既與本天相連，必有定處，因本天爲動天所轉，與之偕西，而不及其速以生退度，故小輪心亦有退度焉。曆家紀此退度以爲平行《回回曆》所謂中心行度，故曰小輪之動，本天之動也。然則小輪心者，小輪之樞也，樞連於本天不動，故輪能動；而七政者又相連於小輪之周者也，小輪動則七政動矣。故曰七政之動，小輪之動也。七政雖動，不離小輪，輪心雖移，不離本天，又恒爲周動而有定法，豈若游鱗征鳥之於波瀾風霄，而莫限所届哉？

再論小輪上七政之行

問：本天移故小輪心移，小輪動故七政動，是則然矣。然何以七政在小輪上西行，不與輪心同勢，豈非七政自有行法與？

曰：七政之居，小輪也，有一定之向。本天挈小輪心東移，而七政在小輪上常向最高，殆其精氣有以攝之也，故輪心東移一度，小輪上七政亦西遷一度以向最高。譬之羅金，小輪者其盤也，小輪心者置針之處也，七政所居則針所指之午位也。試爲大圓周分三百六十度以法周天，别爲大圈加其上，使與大圓同心而可運以法同心輪，乃置羅金於大圈之正午，而依針以定盤，則針之午即盤之午此如小輪在最高，而七政居其頂，與最高同處也；於是運大圈東轉，使羅金離午而東此如本天挈小輪而東移也，則盤針之指午者，必且西移而向丁向未因正午所定之盤，不復更置，則此時之丁之未，實爲針之午。此如小輪從本天東移，而七政西遷，居小輪之旁，以向最高之方。盤東移一度，針亦西移一度；盤東移一宫，針亦西移一宫。盤東行半周至大圓子位，則針在盤上亦西移半周而反指盤之子此時盤之子實針之午，此如小輪心行至最高冲，而七政居小輪之底，在小輪爲最卑，而所向者，最高之方也；盤東移三百六十度而復至午，針亦西移一周而復其故矣。是何也？針自向午，不以盤之東移而改其度，自盤上觀之，見爲西移耳。七政之常向最高，何以異是？七政在小輪上，常向最高之方，觀第二圖可見。

論小輪非一

問：小輪有幾？

曰：小輪以算視行，視行非一，故小輪亦非一也。凡算視行有二法。或用不同心輪，則惟月五星有小輪，而日則否，何也？以盈縮高卑，即於不同心之輪，可得其度，故不以小輪加減，而小輪之用已藏其中也。或用同心輪負小輪，則日有一小輪，月五星有兩小輪，其一是高卑小輪，爲日五星之盈縮、月之遲疾，即不同心之算，七政所同也，其一是合望小輪，在月爲倍離即晦朔弦望，在五星爲歲輪即遲留逆伏，皆以距日之遠近而生，故太陽獨無也。若用小均輪，則太陽有二小輪，其一爲平高卑，二爲定高卑；而月五星則有三小輪，其一二爲平高卑、定高卑，與太陽同，其三爲太陰倍離、五星歲輪，與太陽異也。凡此皆以齊視行之不齊，有不得不然者。然小輪之用不同，而名亦易相亂如月離以高卑輪爲自行輪，又稱本輪，又曰古稱小輪。其定高卑輪，五星稱小均輪，月離稱均輪，或稱又次輪。至於距日而生之輪，月離稱次輪，五星或稱次輪，或稱年歲輪，然亦曰古稱小輪。今約以三者別之。一曰本輪，七政之平高卑是也。一曰均輪，七政平高卑之輪上又有小輪，以加減之爲定高卑。此兩小輪相須爲用，二而一者也。一曰次輪，月五星距日有遠近而生異行，故曰次輪，而五星次輪則直稱之歲輪也。

論七政兩種視行七政從天，月五星又從日

問：小輪有三，又或爲二，何也？

曰：小輪舊只用二一本輪，一次輪，新法用三一本輪，一均輪，一次輪，然而均輪者所以消息乎本輪，爲本輪微細之用，故曰二而一者也。是則輪雖有三，實則兩事而已。何謂兩？

曰：七政皆從天，以生本輪，而月五星又從乎日，以生次輪。天西行，故七政之本輪皆從天而西轉，其行皆向最高也日月五星之在本輪，俱向本天最高，其本輪心離最高一度，本輪周亦行一度，似爲所攝；日天東移，故月五星之合望次輪，皆從日而東運，其行皆向日也月五星離日若干，次輪度亦行若干，是爲日所攝。惟本輪從天，於是有最高卑之加減，而其行度必始於最高本輪行始於本天最高，而均輪即始於本輪之最高卑，故本輪、均輪，至最高卑皆無加減，爲起算之端；惟次輪從日，於是有離日之加減，而其行度必始於會日月次輪行始於朔望，星次輪始於合伏，故月至朔望、五星合日沖日，皆無次輪加減。是故七政皆以半周天之宿度行縮曆，半周天之宿度行盈曆，歷宿度三百六十而本輪一周，起最高，終最高也因最高有行分，故視周天稍羸，然大致不變，月之遲疾亦然；次輪則月以歷黄道一周而又過之，凡三百八十九度奇而行二周，起朔望，終朔望也；五星歲輪即次輪，則土以行黄道十二度奇，木以三十三度奇，火以四百〇八度奇，金以五百七十五度奇，水以一

百十四度奇，而皆一周，起合伏，終合伏也。治曆者用三小輪以求七政之視行，惟此二者，故曰兩事也金火二星會日後皆行黄道宿一周，[一]又復過之，然後再與日會。

[一]兼濟堂本、上圖乾隆本、文淵閣四庫本「火」作「水」。

論天行遲速之原

問：天有重數，則在外者周徑大，而其度亦大，故土木之行遲，在内者周徑小，而其度亦小，故金水月之行速。七政之行勢略同，特其度有大小而分遲速耳。以是爲右旋之徵，不亦可乎？

曰：此必七政，另爲一物以行於本天之上，故可以度之大小爲遲速也。今七政既與天同體，而非另爲一物，則七政之東升西没，即其本天之東升西没也。且使各天之行，各自爲政，則其性豈無緩急，而自外至内，舒亟之次，如是其有等乎？蓋惟七政之天雖有重數，而總爲一天，制動之權，全在動天，故近動天者不得不速，近地而遠動天者不得不遲，固自然之理勢也。

曰：若是，則周徑大小可勿論矣。

曰：在外者，爲動天所掣而西行速，故其東移之差數遲，又以其周徑大而分度闊，則其差又遲，是故恒星六七十年而始差一度，近動天也。然以周徑之大小准之，此所差之一度以視月天將以周計矣。在内者，遠於動天而西行遲，故其東移之差速，又以其周徑小而分度狹，則其差又速，是故月天一日東移十三四度者，近地而遠動天也。然以周徑計之，此所差之十三四度以視日天，尚不能成一度矣。然則周徑之大小，但可兼論以考其差，而非所以遲速之原也。左旋之説可以無疑。

論中分較分

問：中分較分，何也？

曰：較分者，是五星在最卑本輪時，逐度歲輪周次均之增數也。凡算次均，皆設歲輪心在本輪最高。而逐度歲輪周定其均數或視差在輪心東爲加，西爲減，以生遲留逆伏諸行，列之於表，命曰次均。再設心在最卑，亦逐度定其均數，所得必大於最高。法以先所得最高時逐度之均數即次均減之，其餘爲較分。若曰此歲輪上逐度視差，在最卑時應多此數也，所以者何？視差之理遠則見小，近則見大。歲輪之在最卑，去地爲近，比在最高必大故也。〔一〕

然則又何以有中分？曰：較分者，次均之較，而中分者，又較分之較也。使歲輪心常在最高與最卑，則只用次均與較分亦已足矣。無如自最高至最卑，中間一百八十度，歲輪皆得遞居，則次均之較各異歲輪心行於本輪，離最高而下，以漸近地，則星在歲輪周逐度所生之次均，必皆漸大於在最高時，而心離最高時時不等，即次均之所增亦必不等，而較分悉變，勢不能一一爲表，故以中分括之。其法以本輪之度分爲主，若歲輪各度

〔一〕上圖乾隆本『比』作『此』。

在本輪最卑時，較分若干，今在本輪他度，則較分只應若干也。故以最卑之較分，命其比例爲六十分即中分之全分，而其餘自離最卑一度起，各有所減，減至最高，而無中分，則亦無較分，只用次均本數矣。是故較分於次均恒爲加，而以中分求較分，則於較分恒爲減表所列較分，皆輪心在最卑之數，各以中分乘之，六十除之，變爲輪心未至最卑之較分。視在最卑，皆爲小數，其比例爲歲輪心在某度之較分與在最卑之較分，若中分與六十分也。故曰中分者，較分之較也。

再論中分

問：中分之率，既皆以較分爲六十分之比例，則皆以本輪度距最卑之遠近，而得中分之多寡，乃五星之中分各有異率，何與？

曰：中分之率，生於距地之遠近，而五星各有其本天半徑之比例，則其平行之距地遠近懸殊，而兩心差亦各不同，則又有本輪半徑與其本天半徑之比例矣。至於歲輪之大小，復參錯而不齊，〔一〕如土木本天大而歲輪小，金星本天小而歲輪大，而火星在水星之上，則火星本天大而歲輪反大，水星本天小而歲輪反小。積此數端，而較分之進退紓亟攸分，此五星之中分所以各一其率也。要其以最卑爲較分之大差，當中分之六十，一而已矣。

〔一〕上圖乾隆本『錯』作『差』。

論《回回曆》五星自行度

問：諸家多以五星自行度爲距日度，然乎？

曰：自行度生於距日遠近，然非距日之度，何也？星在黄道，有順有逆，有疾有遲，其距太陽無一平行，而自行度終古平行，故但可謂之距合伏之行，而非距日之度也。此在中土舊法，則爲段目。其法合計前後兩合伏日數，以爲周率，周率析之，爲疾行、遲行、退行及留而不行諸段之目。疾與遲皆有順行度數，退則有逆行度數，其度皆黄道上實度也。回曆不然，其法則以前合伏至後合伏成一小輪，小輪之心行於黄道，而星體所行非黄道也，乃行於小輪之周耳。近合伏前後，行輪上半，順輪心東行而見其疾；衝日前後，行輪下半，則逆輪心西行而見其遲留且退。其實星在輪周，環轉自平行也。故以輪周匀分三百六十度爲實，前合伏至後合伏日率爲法除之，得輪周每日星行之平度，是之謂自行度也。若以距太陽言，則順輪心而見疾，距日之度必少，逆輪心而遲退，距日之度必多，安所得平行之率哉？故曰自行者，星距合伏之行，而非距日之行也。

論《回回曆》五星自行度二

曰：自行度既非距日度，又謂其生於距日，何也？〔一〕

曰：星既在輪周行矣，而輪之心實行於黄道，與太陽同爲右旋而有遲速。當合伏時，星與輪心與太陽皆同一度星在輪之頂，作直綫過輪心，至太陽直射地心，皆在黄道上同度，如月之合朔，然不過晷刻之間而已。自是以後，太陽離輪心而東，輪心亦隨太陽而東，太陽速，輪心遲，輪心所到，必在太陽之後，以遲減速，而得輪心每日不及太陽之恒率，是則爲距日行也即平行距日。然而輪心隨太陽東行，星在輪周，亦向太陽而東行；太陽離輪心相距一度黄道上度，星在輪周從合伏處輪頂東行，亦離一度小輪上度；太陽離輪心一象限如月上弦，星在輪周，亦離合伏一象限；乃至太陽離輪心半周，與輪心冲，星在輪周亦離合伏半周，居輪之底，復與輪心同度而衝太陽自輪頂合伏度作綫，過輪心至星之體，又過地心，以至太陽黄道上躔度，皆成一直綫，如月之望；再積其度，太陽離輪心之衝度而東。輪心亦自太陽之衝度而東，然過此以往，太陽反在輪心之後。假如輪心不及太陽，積至三象限，則太陽在輪心後只一象限因其環行，故太陽之行速在前者，半周以

〔一〕上圖乾隆本「曰」作「問」。

後，太陽反在輪心之後，若追輪心未及者然。〇如月下弦，星在輪周亦然自輪底行一象限，則離輪頂合伏爲三象限，而將復及合伏尚差一象限。逮太陽離輪心之度滿一全周，而輪心與太陽復爲同度，則星在輪周，亦復至合伏之度而自行一周矣星、輪心、太陽三者，皆復同爲一直綫，以直射地心，如月第二合朔。凡此星行輪周之度，無一不與輪心距日之度相應主日而言，則爲太陽離輪心之度；主星而言，則爲輪心不及太陽之距度，其義一也，故曰自行之度生於距日，然是輪心距日，非星距日也。

論《回回曆》五星自行度三

問：輪心距日與星距日，何以不同乎？

曰：輪心距日平行，星距日不平行。惟其不平行，是與自行度之平行者判然爲二，故斷其非距日度也。惟其平行，是與自行度相應，故又知其生於距日也。

然則自行度不得爲星距日度，獨不得爲輪心距日度乎？曰：輪心距日，雖與自行相應，能生其度，然其度不同。輪心是隨日東行，倒算其不及於日之度，星在輪周環行，是順數其行過合伏之度，不同一也。又輪心距日，是黄道度。七政所同，星離合伏自行，是小輪周度，小於黄道度，又各星異率小輪小於黄道，而小輪周亦匀分三百六十度，其度必小於黄道度。而各星之小輪周徑各異，度亦從之而異，不同二也。若但以自行之初與日同度，自行半周，每與日冲，而徑以距日與自行混而爲一，豈不毫釐千里哉？

論新圖五星皆以日爲心

問：五星天皆以日爲心，然乎？

曰：西人舊説，以七政天各重相裹，厥後測得金星有弦望之形，故新圖皆以日爲心。但上三星輪大而能包地，金、水輪小不能包地，故有經天不經天之殊。然以實數考之，惟金、水包日爲輪確然可信，〔一〕若木、火、土亦以日爲心者，乃其次輪上星行距日之跡，非真形也。

凡上三星合伏後，必在太陽之西而晨見，於是自歲輪最遠處東行而漸向下，及距日之西，漸遠至一象限内外，星在歲輪，行至下半，爲遲留之界，再下而退行衝日，則居歲輪之底，此合伏至衝日，在日西半周也。衝日以後，轉在日東而夕見，又自輪底行而向上，過遲留之界而復與日合矣，此衝日至合伏在日東半周也。

故歲輪上星行高下，本是在歲輪上下，而自太陽之相距觀之，即成大圓，而爲圍日之形，以日爲心矣，其理與本輪行度成不同心天者同也。

〔一〕兼濟堂本、上圖乾隆本、文淵閣四庫本「包」作「抱」。

但如此，則上三星之圓周左旋，與金、水異。

夫七政本輪皆行天一周，而高卑之數以畢，雖有最高之行，所差無幾，故可以本輪言者，亦可以不同心天言也。若歲輪則不然，如土星歲輪一周，其輪心行天不過十二度奇，木星則三十三度奇，上下旋轉，止在此經度内，不得另有天周之行，故知爲距日之虚跡也。

又如金星歲輪一周，其輪心平行五百七十餘度，則大於天周二百餘度，水星歲輪一周，輪心平行一百一十五度奇，則居天度三之一，皆不可以天周言。

惟火星歲輪之周，其平行四百餘度，與天周差四十度，數略相近，故《曆指》竟云以太陽爲心，而要之總是借虚率以求真度，非實義也。

梅文鼎全集

曆學疑問補

曆學疑問補　目録

曆學疑問補卷一

曆學疑問補卷二

按：此所補之篇，徵君公原欲著論以續《疑問》三卷之後，因事未果。安溪李文貞公屢書催索，久之未有以應，遂將三卷付梓。迨至暮年，始克謄稿，而文貞公已作古人，竟未得見，深可惜也。又因前書已經御定，不敢復續，故别爲卷次，名爲《疑問補》云。

孫瑴成謹記。

曆學疑問補卷一

論西曆源流本出中土即《周髀》之學

問：自漢太初以來，曆法七十餘家，屢改益精。本朝《時憲曆》集其大成，兼採西術，而斟酌盡善，昭示來兹，爲萬世不刊之典。顧經生家或猶有中西同異之見，何以徵信而使之勿疑？

曰：曆以稽天，有晝夜永短、表景中星可考，有日月薄蝕、五星留逆、伏見、凌犯可驗，乃實測有憑之事，既有合於天，即當採用，又何擇乎中西？且吾嘗徵諸古籍矣，《周髀算經》，漢趙君卿所注也，其時未有言西法者唐開元始有《九執曆》，直至元明，始有《回回曆》。今考西洋曆所言寒暖五帶之説，與《周髀》七衡吻合，豈非舊有其法歟？且夫北極之下，以半年爲晝，半年爲夜，赤道之下，五穀一歲再熟，必非憑臆鑿空而能爲此言，夫有所受之矣。然而習者既希，所傳又略，讀《周髀》者亦只與《山海經》《穆天子傳》《十洲記》諸書同類並觀，聊備奇聞，存而不論已耳。今有歐邏巴實測之算與之相應，然後知所述周公受學商高，其説亦非無本，而惜其殘缺不詳，然猶幸存梗概，足爲今日之徵信。豈非古聖人制作之精神，有嘿爲呵護者哉？

論蓋天與渾天同異

問：西術既同《周髀》，是蓋天之學也，然古曆皆用渾天，渾天與蓋天原爲兩家，豈得同歟？

曰：蓋天即渾天也，其云兩家者，傳聞誤耳。天體渾圓，故惟渾天儀爲能惟肖，然欲詳求其測算之事，必寫記於平面，是爲蓋天。故渾天如塑像，蓋天如繪像，總一天也，總一周天之度也，豈得有二法哉？然而渾天之器渾員，其度匀分，其理易見，而造之亦易。蓋天寫渾度於平面，則正視與斜望殊觀，仰測與旁闚異法。度有疏密，形有埡坳，非深思造微者不能明其理，亦不能製其器，不能盡其用。是則蓋天之學原即渾天，而微有精粗難易，無二法也。夫蓋天理既精深，傳者遂鮮，而或者不察，但泥倚蓋覆槃之語，妄擬蓋天之形竟非渾體，天有北極，無南極，倚地斜轉，出没水中，而其周不合，荒誕違理，宜乎揚雄、蔡邕輩之辭而闢之矣。蓋漢承秦後，書器散亡，惟洛下閎始爲渾天儀，而他無考據。然世猶傳蓋天之名，説者承訛，遂區分之爲兩，而不知其非也。載考容成作蓋天、隸首作算數在黄帝時，顓頊作渾天在後。夫黄帝神靈首出，又得良相如容成、隸首，皆神聖之人，測天之法，宜莫不備極精微，顓頊蓋本其意而製爲渾員之器，以發明之，使天下共知，非謂黄帝、容成但知蓋天，不知渾天，而作此以釐正之也。知蓋天與渾天原非兩家，則知西曆與古曆同出一原[一]矣《元史》載仰儀銘，以蓋天與安、訢、宣夜等並稱六天，而殊渾於蓋，猶沿舊説。續讀《姚牧庵集》，有所改定，則已知渾蓋之非二法，實爲先得我心。詳見鼎所著《二儀銘註》。

〔一〕『原』，兼濟堂本、文淵閣四庫本作『源』。

論中土曆法得傳入西國之由

問：歐邏巴在數萬里外，古曆法何以得流通至彼？

曰：太史公言幽厲之時，疇人子弟分散，或在諸夏，或在夸翟〔一〕。蓋避亂逃咎，不憚遠涉殊方，固有挾其書器而長征者矣如《魯論》載『少師陽、擊磬襄入於海，鼓方叔入於河，播鼗武入於漢』，〔二〕故外域亦有律吕音樂之傳。曆官遐遁，而曆術遠傳，亦如此爾。又如《傳》言『夏衰，不窋失官，而自竄於戎翟之間』，〔三〕厥後公劉遷邠，太王遷岐，文王遷豐，漸徙内地，而孟子猶稱文王爲西夷之人。夫不窋爲后稷，乃農官也，夏之衰而遂失官，竄於戎翟，然則羲和之苗裔，屢經夏商之喪亂，而流離播遷，當亦有之。太史公獨舉幽厲，蓋言其甚者耳。然遠國之能言曆術者，多在西域，則亦有故。《堯典》言『乃命羲和，欽若昊天，曆象日月星辰，敬授人時』，〔四〕此天子日官在都城

〔一〕《史記》卷二十六《曆書》，『夸翟』原作『夷狄』。
〔二〕《論語·微子第十八》。
〔三〕《國語》卷一《周語上》。
〔四〕《尚書·堯典》。

者，蓋其伯也。又命其仲叔分宅四方，以測二分二至之日景，即測里差之法也。『羲仲宅嵎夷，曰陽谷』，[一]即今登萊海隅之地；『羲叔宅南交』，[二]則交趾國也。此東、南二處皆濱大海，故以爲限。又『和叔宅朔方，曰幽都』[三]，今口外朔方地也，地極冷，冬至於此測日短之景，不可更北，故即以爲限。獨『和仲宅西，曰昧谷』[四]，但言西而不限以地者，其地既無大海之阻，又自東而西，氣候略同内地，無極北嚴凝之畏。當是時，唐虞之聲教四訖，和仲既奉帝命測驗，可以西則更西，遠人慕德景從，或有得其一言之指授、一事之留傳，亦即有以開其知覺之路，而彼中穎出之人從而擬議之，以成其變化，固宜有之。考史志，唐開元中有《九執曆》，元世祖時有札馬魯丁測器，有西域《萬年曆》，明洪武初有馬沙亦黑、馬哈麻譯《回回曆》，皆西國人也，而東南北諸國無聞焉，可以想見其涯略矣。

[一][二][三][四]《尚書·堯典》。

論《周髀》中即有地圓之理

問：西曆以地心、地面爲測算根本，則地形渾圓可信，而《周髀》不言地圓，恐古人猶未知也。

曰：《周髀算經》雖未明言地圓，而其理其算已具其中矣，試略舉之。《周髀》言：『北極之下，以春分至秋分爲晝，秋分至春分爲夜。』〔一〕蓋惟地體渾圓，故近赤道則晝夜之長短漸平，近北極則晝夜長短之差漸大，推而至北極之下，遂能以半年爲晝、半年爲夜矣。若地爲平面，則南北晝夜皆同，安得有長短之差隨北極高下而異乎？一也。《周髀》又言：『日行極北，北方日中，南方夜半；日行極東，東方日中，西方夜半；日行極南，南方日中，北方夜半；日行極西，西方日中，東方夜半。』〔二〕蓋惟地體渾圓，與天體相似，太陽隨天左旋，繞地環行，各以其所到之方，正照而爲日中正午，其對沖之方，在地影最深之處，而即爲夜半子時矣。假令地爲平面，東西一望皆平，則日一出地，而萬國皆曉，日一入地，而八表同昏，安得有時刻先後之差，而且有此方日中、彼爲夜半者乎？二也。《周髀》又言：『北極之下，不生萬

〔一〕《周髀算經》卷下之一。按：此爲趙爽注文。
〔二〕《周髀算經》卷下之一。

物；北極左右，夏有不釋之冰，物有朝耕暮獲；中衡左右，冬有不死之草，五穀一歲再熟。』〔一〕蓋惟地與天同爲渾圓，故易地殊觀，而寒暑迥別。北極下地，即以北極爲天頂，而太陽周轉，近於地平，陽光希微，不能解凍，萬物不生矣；其左右猶能生物，而以春分至秋分爲晝，故朝耕而暮穫也。若中衡左右在赤道下，以赤道爲天頂。春分時，日在赤道，其出正卯、入正酉，並同赤道，正午時日在天頂，其熱如火，即其方之夏。春分以後，日軌漸離赤道而北，至夏至而極，其出入並在正卯酉之北二十三度半有奇，正午時亦離天頂北二十三度半奇，其熱稍減，而凉氣以生，爲此方之秋冬矣。自此以後，又漸向赤道行，至秋分日復在赤道，出入正卯酉，而正過天頂，一如春分，熱之甚亦如之，則又爲其方之夏矣。秋分後漸離赤道而南，直至冬至，又離赤道南二十三度半奇，而出入在正卯酉南，正午亦離天頂南，並二十三度半奇，氣候復得稍凉，又爲秋冬，是故冬有不死之草，而五穀一歲再熟也。又其方日軌每日左旋之圈度，並與赤道平行，而終歲晝夜皆平。上條言地近赤道，而晝夜之差漸平，以此故也。赤道既在天頂，則北極、南極俱在地平可見，然但言北極、不言南極者，中土九州在赤道北，聖人治曆只據所見之北極出地，而精其測算，即南極可以類推。然又言北極下地高，旁陀四隤而下，即地圓之大致可見，非不知地之圓也。即如日月交蝕，常在朔望，則日食時，日月同度，爲月所掩，亦易知之事，而《春秋》《小雅》但云『日有食之』，古聖人只舉其可見者爲言，皆如是也。

〔一〕《周髀算經》卷下之一。

論渾蓋通憲即古蓋天遺法一

問：蓋天必自有儀器，今西洋曆仍用渾儀、渾象，何以斷其爲蓋天？

曰：蓋天以平寫渾，其器雖平，其度則渾，非不用渾天儀之測驗也。是故用渾儀以測天星，疇人子弟多能之，而用平儀以稽渾度，非精於其理者不能也。今爲西學者，多能製小渾儀、小渾象，至所傳渾蓋通憲者，則能製者鮮，以此故也。夫渾蓋平儀置北極於中心，其度最密，次晝長規，又次赤道規，以漸而疏，此其事易知，又次爲晝短規，在赤道規外，其距赤道度與晝長規等，理宜收小，而今爲平儀所限，不得不反展而大，其經緯視赤道更濶以疏，然以稽天度，則七政之躔離可知，以考時刻，則方位之加臨不爽，若是者何哉？其立法之意，置身南極，以望北極。故近人目者，其度加寬；遠人目者，其度加窄，視法之理宜然。而分秒忽微，一一與勾股割圜之切綫相應，非深思造微者必不能知也。至於長規以外，度必更寬更濶，而平儀中不能容，不得不割而棄之，淺見者或遂疑蓋天之形，其周不合矣。是故渾蓋通憲即古蓋天之遺製，無疑也。

論渾蓋通憲即蓋天遺法二

問：利氏始傳渾蓋儀，而前此如回回曆並未言及，何以明其爲古蓋天之器？

曰：渾蓋雖利氏所傳，然非利氏所創，吾嘗徵之於史矣。《元史》載札馬魯丁西域儀象，有所謂兀速都兒剌不定者，『其製以銅，如圓鏡而可掛，面刻十二辰位、晝夜時刻』，〔一〕此即渾蓋之型模也。又云：『上加銅條，綴其中，可以圓轉，銅條兩端各屈其首爲二竅以對望。晝則視日影，夜則窺星辰，以定時刻，以占休咎。』〔二〕此即渾蓋上所用之窺筒指尺也。又言：『背嵌鏡片，二面刻其圖，凡七，以辨東西南北、日影長短之不同，星辰向背之有異，故各異其圖，以盡天地之變。』〔三〕此即渾蓋上所嵌圓片，依北極出地之度，而各一其圖，準天頂、地平以知各方辰刻之不同，與夫日出入地晝夜之長短，及七政躔離所到之方位及其高度也。其圓片有七，而兩面刻之，則十四矣。西洋雖不言占法，然有其立象之學，隨地隨時分十

〔一〕《元史》卷四十八《天文一·西域儀象》。
〔二〕《元史》卷四十八《天文一·西域儀象》。
〔三〕《元史》卷四十八《天文一·西域儀象》。

二宫，與推命星家立命宫之法略同，故又曰以占休咎也。雖作史者未能深悉厥故，而語焉不詳，今以渾蓋徵之，而一一吻合，故曰渾蓋雖利氏所傳，而非其所創也。且利氏傳此器，初不別立佳稱，而名之曰渾蓋通憲，固已明示其指矣，然則何以不直言蓋天？

曰：蓋天之學，人屏絶之久矣，驟舉之，必駭而不信。且夫殊蓋於渾，乃治渾天者之沿謬，而精於蓋天者，原視爲一事，未嘗區而別之也。夫渾天儀必設於觀臺，必如法安置，而始可用，渾蓋則懸而可掛，輕便利於行遠，爲行測之所需，所以遠國得存其製，而流傳至今也。

論渾蓋之器與《周髀》同異

問：渾蓋通憲豈即《周髀》所用歟？

曰：《周髀》書殘缺不完，不可得考。據所言『天象蓋笠，地法覆槃』，又云『笠以寫天』，而其製弗詳。今以理揆之，既地如覆槃，即有圓突隆起之形，則天如蓋笠，必爲圓坳曲抱之象。其製或當爲半渾圓，而空其中，略如仰儀之製，則於高明下覆之形體相似矣。乃於其中按經緯度數，以寫周天星宿，皆宛轉而曲肖矣。是則必以北極爲中心，赤道爲邊際。其赤道以外，漸斂漸窄，必別有法以相佐，或亦是半渾圓内空之形，而仍以赤道爲邊。其赤道以南星宿，並取其距赤道遠近，求其經緯度數而圖之。至於南距赤道甚遠不可見星之處，亦遂可空之不用。於是兩器相合，即周天可見之星象俱全備而無遺矣。以故不知者，因其極南無星，遂妄謂其周不合，而無南極也。

又或寫天之笠，竟展而平，而以北極爲心，赤道爲邊，用割圓切綫之法，以考其經緯度數，則周天之星象可一一寫其形容。其赤道南之星，亦展而平，而以赤道爲邊。查星距赤道起數，亦用切綫度定其經緯，則近赤道者距疏，離赤道向南者漸密，而一一惟肖，其不見之星亦遂可空之，是雖不言南極，而南極已在其中。今西洋所作星圖，自赤道中分爲兩，即此製也。所異者，西洋人浮海來賓，行赤道以南之海道，得見南極左右之星，而補成南極星圖，與古人但圖可見之星者不同，然其理則一。是故西洋分畫星圖，亦即古蓋天之遺法也。

《周髀》云『笠以寫天』，當不出坳平二製。至若渾蓋之器，乃能於赤道外展濶平邊，以得其經緯，遂能依各方之北極出地度，而求其天頂所在，及地平邊際，即晝夜長短之極差可見。於是地平之經緯與天度之經緯，相與錯綜參伍，而如指諸掌，非容成、隸首諸聖人不能作也。而於《周髀》之所言一一相應，然則即斷其爲《周髀》蓋天之器，亦無不可矣。夫法傳而久，豈無微有損益，要皆踵事而增，其根本固不殊也。利氏名之曰『渾蓋通憲』，蓋其人强記博聞，故有以得其源流，而不敢没其實，亦足以徵其人之賢矣。

論簡平儀亦蓋天法而八綫割圓亦古所有

問：西法有簡平儀，亦以平測渾之器，豈亦與《周髀》相應歟？

曰：凡測天之器，圓者必爲渾，平者即爲蓋唐一行以平圖寫星象，亦謂之蓋天，所異者只用平度，不曾以切綫分渾球上之經緯疏密耳。簡平儀以平圓測渾圓，是亦蓋天中之一器也。今考其法，可以知一歲中日道發南斂北之行，〔一〕可以知寒暑進退之節，可以知晝夜永短之故，可以用太陽高度測各地北極之出地，即可用北極出地求各地逐日太陽之高度。推極其變，而置赤道爲天頂，即知其地方之一年兩度寒暑，而三百六旬中晝夜皆平，若北極爲天頂，即知其地之能以半年爲晝，半年爲夜，而物有朝生暮穫，凡《周髀》中所言皆可知之，故曰亦蓋天中一器也。但《周髀》云『笠以寫天』，似與渾蓋較爲親切耳。夫蓋天以平寫渾，必將以渾圓之度按而平之。渾蓋之器，如剖渾球而空其中，乃仰置几案，以通明如玻璨之片，平掩其口，則圓球内面之經緯度分，映浮平面，一一可數，而變坳爲平矣。然其度必中密而外疏，故用切綫此如人在天中，測渾天之内面，乃正視也，故寘北極於中心。簡平之器，則如渾球嵌於立屏之内，僅可見其半球，而以玻璨

〔一〕兼濟堂本、文淵閣四庫本『可以』前有『亦』字。

片懸於屏風前，正切其球，四面距屏風皆如球半徑，而無欹側，則球面之經緯度分，皆可寫記，而抑突爲平矣。然其度必中濶而旁促，故用正弦此如置身天外，以測渾天之外面，故以極至交圈爲邊，兩極皆安於外周，以考其出入地之度，乃旁視也。由是言之，渾蓋與簡平異製，而並得爲蓋天遺製，審矣。而一則用切綫，一則用正弦，非是則不能成器矣。因是而知三角八綫之法，並皆古人所有，而西人能用之，非其所創也。伏讀《御製三角形論》，謂衆角輳心，以算弧度，必古算所有，〔一〕而流傳西土，此反失傳，彼則能守之不失，且踵事加詳。至哉！聖人之言，可以爲治曆之金科玉律矣！

〔一〕『算』，兼濟堂本作『曆』。

論《周髀》所傳之説必在唐虞以前

問：《周髀》言周公受學於商高，商高之學何所受之？

曰：必在唐虞以前。何以知之？蓋《周髀》所言東方日中、西方夜半云云者，皆相距六時，其相去地皆一百八十度地與天應，其周度皆三百六十，則其相對必一百八十，此東西差之極大者也。細考之，則日在極東，而東方爲日中午時，則其地在極南者，必見日初出地而爲卯時，在極北者，必見日初入地而爲酉時。故又云此四方者『晝夜易處，加四時相及』自南方卯，至東方午，爲四時。自東方日中午，至北方酉，亦四時，故每加四時則相及矣。若以度計之，實相距九十。又細分之，則東西相距三十度，必早晚差一時如日在極南爲午時，其西距三十度之地，必見其爲巳時，而其東距三十度之地，必見爲未時，其餘地准此推之並同，相距十五度，必相差四刻。堯分命羲仲寅賓出日、和仲寅餞内日者，測此東西里差也寅賓、寅餞互文見意，非羲仲但朝測，和仲但暮測也。又《周髀》所言北極下半年爲晝、中衡下五穀一歲再熟云云者，其距緯皆相去九十度，乃南北差之極大者也。

細考之，北極高一度，則地面差數百十里屢代所測微有不同，今定爲二百里。〔一〕而寒暑密移，晝夜之長短各異，和叔、羲叔分處南北，以測此南北里差也，故曰此法之傳必在唐虞以前也。夫東西差測之稍難，若南北之永短，因太陽之高下而變，日軌高下又依北極之高下而殊。經商遠遊之輩，稍知曆象即能覺之。羲和二叔奉帝堯之命，考測日景，一往極北，一往極南，相距七八千里之遠，其逐地之極星高下、晝夜永短，身所經歷乃瞢然不知，何以爲羲和也哉？是知地面之非平，而永短以南北而差，早晚以東西而異，必皆羲和所悉知，而敬授人時，只據内地幅員，立爲常法，其推測步算必有專書，而亡於秦焰，《周髀》其千百中之十一耳，又何疑焉？

〔一〕『二百里』，兼濟堂本、文淵閣四庫本作『二百五十里』。按：康熙四十一年，聖祖南巡測地，糾正了一度二百五十里的錯誤，規定天上一度相當於地下二百里的新標準。參見韓琦《通天之學：耶穌會士和天文學在中國的傳播》，北京：三聯書店，二〇一八年，頁一八四至一八七。

論地實圓體而有背面

問：地體渾圓，既無可疑，然豈無背面？

曰：中土聖人所産，即其面也，何以言之？五倫之教，天所叙也。自黄帝堯舜以來，世有升降。而司徒之五教，人人與知。若西方之佛教及天教，雖其所言心性之理極其精微，救度之願極其廣大，而於君臣父子之大倫反輕，此一徵也。語言惟中土爲順，若佛經語皆倒，如云『到彼岸』，則必云『彼岸到』之類。歐邏巴雖與五印度等國不同語言，而其字之倒用亦同。日本國賣酒招牌必云『酒賣』，彼人亦讀中土書，則皆於句中用筆挑剔作記而倒讀之。北邊塞外及南徼諸國，大略皆倒用其字，此又一徵也。往聞西士之言，謂行教萬里來賓，所歷之國多矣，其土地幅員亦有大於中土者，若其衣冠文物則未有過焉，此又一徵也。是知地體渾圓，而中土爲其面，故篤生神聖帝王，以繼天建極、垂世立教，亦如人身之有面，爲一身之精神所聚，五藏之精並開竅於五官，此亦自然之理也。

論蓋天之學流傳西土不止歐邏巴

問：佛經亦有四大州之説，與《周髀》同乎？

曰：佛書言須彌山爲天地之中，日月星辰繞之環轉，西牛賀州、南贍部州、東勝神州、北具盧州居其四面，此則亦以日所到之方爲正中，而日環行，不入地下，與《周髀》所言略同。然佛經所言，則其下爲華藏海，而世界生其中，須彌之頂爲諸天而通明，故夜能見星，此則不知有南北二極。而謂地起海中，上連天頂，殆如圓塔、圓柱之形，其説難通，而彼且謂天外有天，令人莫可窮詰。故婆羅門等婆羅門即回回皆爲所籠絡，事之唯謹《唐書》載回紇諸國多事佛，回紇即回回也。然回回國人能從事曆法，漸以知其説之不足憑，故遂自立門庭，别立清真之教。西洋人初亦同回回事佛唐有波斯國人在此立大秦寺，今所傳景教碑者，其人皆自署曰僧，回回既與佛教分，而西洋人精於算，復從回曆加精，故又别立耶穌之教，以别於回回觀今天教中七日一齋等事，並略同回教，其曆法中小輪心等算法，亦出於回曆。要皆蓋天《周髀》之學流傳西土，而得之有全有缺，治之者有精有粗，然其根則一也。

論遠國所用正朔不同之故

問：回曆及西洋曆既皆本於蓋天，何以二教所頒齋日，其每年正朔如是不同？

曰：天方國以十二個月爲年（即回回國），歐邏巴以太陽過宫爲年月，依歲差而變，此皆自信其曆法之善，有以接古蓋天之道。又見秦人蔑棄古三正，而以己意立十月爲歲首（今西南諸國猶有用秦朔者），故遂亦别立法程，以新人耳目，誇示四隣（今海外諸國，多有以十二個月爲年，遵回曆也）。蓋回國以曆法測驗，疑佛說之非，故謂天有主宰，無影無形，不宜以降生之人爲主，其說近正（所異於古聖人者，其所立拜念之規耳）。厥後歐邏巴又於回曆研精，故又自立教典，奉耶穌爲天主，以别於回回，然所稱一體三身，降生諸靈怪，反又近於佛教而大聲闢佛，動則云中國人錯了。夫中土人倫之教，本於帝王，雖間有事佛者，不過千百中之一二，又何錯之云？

今但考其曆法，則回回、泰西大同小異，而皆本於蓋天。然惟利氏初入，欲人之從其說，故多方闡明其立法之意，而於渾蓋通憲直露渾蓋之名，爲今日所徵信，蓋彼中之英賢也。厥後《曆書》全部，又得徐文定及此地諸文人爲之廣其番譯，爲曆家所取資，實有功於曆學，其他可以勿論。若回回曆，雖亦有所持之圓地球及平面似渾蓋之器，而若露若藏，不宣其義。洪武時，吴伯宗、李翀奉詔翻譯，亦但紀其數，不詳厥旨，至數傳之後，雖其本科亦莫稽測算之根，所云兀速都兒剌不定之器竟無言及之者，蓋失傳已久，殊可惜耳。

尤可深惜者，回回、泰西之曆既皆本於蓋天，而其所用正朔，乃各自翻新出奇，欲以自異，其實皆非。夫古者帝王，欽若昊天，順春夏秋冬之序，以敬授人時，出於自然，何其正大，何其易簡，萬世所不能易也。顧乃持其巧算，私立正朔以變亂之，亦見其惑矣。徐文定公之譯《曆書》也，云『鎔西洋之巧算，入大統之型模』，非獨以尊大統也，揆之事理，固有不得不然者爾。

測算以求天驗，不難兼西術之長以資推步；頒朔以授人時，自當遵古聖之規以經久遠。虛心以折其衷，博考以求其當。有志曆學者，尚其念諸餘詳後論。

曆學疑問補卷二

論太陽過宫

問：舊曆太陽過宫，與中氣不同，今何以復合爲一？

曰：新曆之測算精矣，然其中不無可商，當俟後來詳定者，則此其一端也。何則？天上有十二宫，宫各三十度，每歲太陽以一中氣、一節氣共行三十度如冬至小寒共行三十度，大寒立春又共行三十度，其餘並同，滿二十四氣，則十二宫行一周，故曆家恒言太陽一歲周天也。然而實考其度，則一歲日躔所行必稍有不足，雖其所欠甚微約其差不過百分度之一有半，積至年深，遂差多度六七十年差一度，六七百年即差十度。是爲歲差。曆家所以有天周、歲周之名天上星辰，匀分十二宫，共三百六十度，是爲天周，每歲太陽十二中氣，共行三百六十度微弱，是爲歲周，漢人未知歲差，誤合爲一，故即以冬至日交星紀而定之於牽牛。逮晉虞喜等始覺之，五代宋何承天、祖冲之，隋劉焯等言之益詳。顧治曆者株守成説，不敢輒用歲差也。至唐初，傅仁均造戊寅元曆，始用歲差，而朝論多不以爲然亦如今人之不信西法，人情狃於習見，大抵皆然，故李淳風《麟德曆》復去歲差不用。直至玄宗開元某年，僧一行作《大衍曆》，乃始博徵廣證，以大暢厥旨，於是分天自爲天即周天十二次宫度，其度終古不變，歲自爲歲即周歲十二中氣，日躔所行天度，其度歲歲微移，歷代遵用所定歲差年數微有不同，而大致無異。元世祖時，用《授時曆》，郭守敬測定六十六年有八月而差一度，回回、泰西差法略同今定爲七十年差一度，數亦非遠。故冬至日一歲日躔之度已周，尚不能復於星紀之元度，必再行若干日時，而至星紀十二中氣皆同一理，所以太陽過宫與中氣必不同日。其法原無錯誤，其理亦甚易知，徐、李諸公深於曆術，豈反不明斯事？乃復合爲一，真不可解。推原厥故，蓋譯《曆書》時，誤仍回回曆太陽年之十二月名耳。

問：《回回曆》亦知歲差，何以誤用宫名爲月名？

曰：《回回曆》既以十二个月爲太陰年，而用之紀歲，不用閏月。然如是，則四時之寒燠温凉，錯亂無紀。因别立太陽年，以周歲日躔匀分三百六十度，又匀分爲十二月以爲耕斂之節，而起算春分，是亦事勢之不得不然《堯典》寅賓出日，始於仲春，即此一事，亦足徵西曆之本於羲和。但彼以春分爲太陽年之第一月第一日，遂不得復用古人分至啓閉之法及春夏秋冬之〔一〕名古者以立春、立夏、立秋、立冬、春分、秋分、冬至、夏至爲八節，其四立並在四孟月之首，以爲四時之節，謂之啟閉，二分二至並在四仲月之中，居春夏秋冬各九十一日之半，皆自然之序，不可移易。今回曆之太陽年既以春分爲歲首，則是以仲春之後半月爲正旦，而割其前半个月以益孟春，共四十五日奇，遂一併移之於歲終，而孟春之前半改爲十一月之後半，孟春之後半，合仲春之前半，共三十日，改爲十二月。即

〔一〕兼濟堂本、文淵閣四庫本「之」作「正」。

春夏秋冬之四時，及分至啟閉之八節，孟仲季之月名，無一與之相應，名不正則言不順，遂不復可得而用矣。故遂借白羊等十二宫，以名其太陽年之月。彼非不知天度有歲差，白羊不能板定於春分，然以其時，春分正在白羊，姑借此名之，以紀月數即此而知回曆初起時，其年代去今非遠。歐邏巴曆法，因回曆而加精，大致並同回曆，故遂亦因之耳。徐文定公譯《曆書》，謂「鎔西洋之精算，入大統之型模」，則此處宜爲改定，使天自爲天，歲自爲歲，則歲差之理明，而天上星辰宫度，各正其位矣如晝夜平即爲春分，〔一〕晝極長即爲夏至，不必問其日躔是何宫度，是之謂歲自爲歲也。必太陽行至降婁，始命爲日躔降婁之次；太陽行至鶉首，始命爲日躔鶉首之次，不必問其爲春分後幾日，夏至後幾日，是之謂天自爲天也。顧乃因仍回曆之宫名，而以中氣日即爲交宫之日，則歲周與天周復混而爲一，於是歲差之理不明如星紀之次常有定度，而冬至之日度漸移，是生歲差。若冬至日即躔星紀，歲歲相同，安得復有歲差，而天上十二次宫度，名實俱亂天上十二宫，各有定星、定度，若隨節氣移動，則名實俱左，後篇詳之。是故曆法至今日，推步之法已極詳明，而不無有待商酌以求盡善者，此其一端也。

問者曰：曆所難者推步耳，若此等處，改之易易但於各中氣後，查太陽實躔某宫之度，即過宫真日。但《曆書》中所作諸表，多用白羊、金牛等宫名，以爲别識，今欲通身改換，豈不甚難？

曰：否否。《曆書》諸表，雖以白羊、金牛等爲題，而其中之進退消長，並從節氣起算。今但將宫

〔一〕「春」，兼濟堂本作「三」。文淵閣四庫本作「二」。

名改爲節氣，即諸表可用，不必改造，有何難哉？如表〔一〕從白羊起者，即改白羊初度爲春分初度，表從磨羯起者，即改磨羯初度爲冬至初度，《曆書》諸表，依舊可用。但正其名，不改其數，更無煩於推算。

〔一〕『表』，兼濟堂本作『曆』。

論周天十二宫並以星象得名不可移動

問：天上十二宫，亦人所名，今隨中氣而移，亦何不可之有？

曰：十二宫名，雖人所爲，然其來久矣。今考宫名，皆依天上星宿而定，非漫設者。如南方七宿爲朱鳥之象《史記·天官書》：『柳爲鳥注，注即咮。咮者，朱鳥之喙也。七星頸爲員官，頸，朱鳥頸也，員官嚨喉也。張爲素，素即嗉，鳥受食之處也。翼爲羽翮，朱鳥之翼』，〔一〕故名其宫曰鶉首、鶉火、鶉尾鶉即朱鳥，乃鳳也；東方七宿爲蒼龍《天官書》：『東宫蒼龍房心，心爲明堂。』〔二〕今按角二星象角，故一名龍角，氐房心象龍身，心，即其當心之處，故心爲明堂，尾宿即龍之尾，故其宫曰壽星《封禪書》：『武帝詔天下，尊祀靈星。』《正義》：『靈星即龍星也。張晏曰「龍星左角曰天田，則農祥也，見而祀之」』，〔三〕曰大火心爲大火，曰析木一名析木之津，尾箕近天河也。北方七宿爲玄武《天官書》：『北宫玄武』，〔四〕其宫曰星紀古以斗牛爲列宿之首，故星自此紀也，曰玄枵枵者虚也，即虚危也，又象龜蛇爲玄武也，曰娵訾一名娵訾之口，以室壁二宿各二星，兩兩相對而形正方，故象口也。西方七宿爲

〔一〕〔二〕《史記》卷二十七《天官書》。
〔三〕《史記正義》卷十二《孝武本紀》。
〔四〕《史記》卷二十七《天官書》。

白虎《天官書》『奎曰封豕；參爲白虎，三星直者是爲衡；其外四星左右肩股也；小三星隅置曰觜觿，爲虎首』，〔一〕其宫曰降婁以婁宿得名也，曰大梁，曰實沈。由是以觀，十二宫名，皆依星象而取，非漫設也。《堯典》『日中星鳥』，以其時春分昏刻，朱鳥七宿，正在南方午地也；『日永星火』，以其時夏至初昏，大火宫在正午也火即心宿；『宵中星虚』，以其時秋分昏中者，『玄枵宫也』，即虚危也；『日短星昴』，以其時冬至昏中者，昴宿也，即大梁宫也。曆家以歲差考之，堯甲辰至今，已四千餘歲，歲差之度，已及二宫以西率七十年差一度約之，凡差六十餘度，然而天上二十八舍之星宿，未嘗變動，故其十二宫，亦終古不變也。若夫二十四節氣，太陽躔度，盡依歲差之度而移，則歲歲不同，七十年即差一度亦据今西術推之，安得以十二中氣即過宫乎？試以近事徵之。元世祖至元十七年辛巳，冬至度在箕十度，至今康熙五十八年己亥，冬至在箕三度，其差蓋已將七度，而即以箕三度交星紀宫，則是至元辛巳之冬至宿箕十度，已改爲星紀宫之七度，再一二百年，則今己亥之冬至宿箕三度，爲星紀宫之初度者，又即爲星紀宫之第三度，而尾宿且浸入星紀矣。積而久之，必將析木之宫尾箕，盡變爲星紀，大火之宫氐房心，盡變爲析木，而十二宫之星宿，皆差一宫準上論之，角亢必爲大火，翼軫必爲壽星，柳星張必爲鶉尾，井鬼必爲鶉火，而觜參爲鶉首，胃昴畢爲實沈，奎婁爲大梁，而諏訾爲降婁，虚危爲諏訾，斗牛爲玄枵，二十八宿皆差一宫，即十二宫之名，與其宿一一相左，又安用此名乎？再

〔一〕《史記》卷二十七《天官書》。

積而久之，至數千年後，東宫蒼龍七宿，悉變玄武歲差至九十度時，角亢氐房心尾〔一〕箕，必盡變爲星紀，玄枵、諏訾並仿此，南宫朱鳥七宿，反爲蒼龍，西宫白虎七宿，反爲朱鳥，北宫玄武七宿，反爲白虎，國家頒曆授時，以欽若昊天，而使天上宿度宫名顛倒錯亂如此，其可以不亟爲釐定乎？

又試以西術之十二宫言之。夫西洋分黄道上星，爲十二象，雖與羲和之舊不同，然亦皆依星象而名，非漫設者。如彼以積尸氣爲巨蠏第一星，蓋因鬼宿四星，而中央白氣有似蠏筐也。所云天蝎者，則以尾宿九星卷而曲，其末二星相並，如蝎尾之有岐也。所云人馬者，謂其所圖星象，類人騎馬上之形也。其餘如寶瓶，如雙魚，如白羊，如金牛，如陰陽，如師子，如雙女，如天秤，以彼之星圖觀之，皆依稀彷佛，有相似之象，故因象立名。今若因節氣，而每歲移其宫度，積而久之，宫名與星象相離，俱非其舊，而名實盡淆矣。

又按：西法言歲差，謂是黄道東行，未嘗不是。如今日鬼宿，已全入大暑日躔之東，在中法歲差，則是大暑日躔退回鬼宿之西也，在西法則是鬼宿隨黄道東行，而行過大暑日躔之東。其理原非有二，尾宿之行入小雪日躔東亦然。夫既鬼宿已行過大暑東，而猶以大暑日交鶉火之次，則不得復爲巨蠏之星，而變爲師子矣。尾宿已行過小雪後，而猶以小雪日交析木之次，則尾宿不得爲天蝎，而變爲人馬宫星矣。即詢之西來知曆之人，有不啞然失笑者乎？

〔一〕『氐房心尾』，兼濟堂本、文淵閣四庫本作『氐尾心房』。

論西法恒星歲即西月日，亦即其齋日，並以太陽過宫爲用，而不與中氣同日

問：西法以太陽會恒星爲歲，謂之恒星年。恒星既隨黄道東行，則其恒星年所分宫度，亦必不能常與中氣同日，《曆書》何以不用？

曰：恒星年，即其所頒齋日也。其法以日躔斗四度爲正月朔，故曰以太陽會恒星爲歲也。其斗四度，蓋即其所定磨羯宫之初度也在今時冬至後十二日。自此日躔行滿三十度，即爲第二月，交寶瓶宫餘月並同，皆以日躔行滿三十度，交一宫，即又爲一月，而不論節氣。然其十二月之日數，各各不同者，以黄道上有最高卑差，而日躔之行度有加減也如磨羯宫日躔最卑行速，故二十八日而行一宫，即成一月，若巨蠏宫日躔最高行遲，故三十一日而行一宫，始成一月，其餘宫度各以其或近最卑，或近最高，遲速之行不同，故日數皆不拘三十日，並以日躔交宫爲月，不論節氣。是則其所用各月之第一日，即太陽交宫之日，原不與中氣同日，而且歲歲微差，至六七十年，恒星東行一度，即其各宫，並東行一度，而各月之初日，在各中氣後若干日者，又增一日矣如今以冬至後十二日爲歲首，至歲差一度時，必在冬至後十三日，餘盡然。此即《授時曆》中氣後幾日交宫之法，乃歲差之理，本自分曉。而《曆書》中不甚發揮斯事者，亦有故焉。一則以月之爲言，本從太陰得名，故必晦朔弦望周，而後謂之月，今反以太陽所躔之宫度爲月，而置朔望不用，是名爲月而實非月，大駭聽聞，一也。又其第一月既非夏正孟春，亦非周正仲冬，又不用冬至日起算，非曆學履端於始之義，事體難行，二也。又其

所用齋日，即彼國所頒行之正朔。歐邏巴人私奉本國之正朔，宜也。中土之從其教者，亦皆私奉歐邏巴之正朔，謂國典何？故遂隱而不宣，三也初造《曆書》，事事闡發，以冀人之信從，惟此齋日，但每歲傳單，伊教不筆於書。然《曆書》所引彼中之舊測，每稱西月日者，皆恒星年也。其法並同齋日，皆依恒星東行，以日躔交磨羯宫爲歲旦，而非與冬至中氣同日也。此尤爲太陽過宫，非中氣之一大證據矣。

或曰：《曆書》所引舊測，多在千餘年以前，然則西月日之興，所從來久矣。曰：殆非也，唐始有《九執曆》，元始有《回回曆》，歐邏巴又從回曆加精，必在回曆之後。彼見《回回曆》之太陰年、太陽年，能變古法以矜奇創，故復變此西月日，立恒星年以勝之。若其所引舊測，蓋皆以新法追改其月日耳。

論恒氣定氣

問：舊法節氣之日數皆平分，今則有長有短，何也？

曰：節氣日數平分者，古法謂之恒氣以歲周三百六十五日二十四刻奇，平分爲二十四氣，各得一十五日二十一刻八十四分奇，其日數有多寡者謂之定氣冬至前後有十四日奇爲一氣，夏至前後有十六日爲一氣，其餘節氣，各各不同，並以日行盈曆而其日數減，行縮曆而其數增。二者之算，古曆皆有之，然各有所用。唐一行《大衍曆議》曰以恒氣注曆，以定氣算日月交食，是則舊法原知有定氣，但不以之註曆耳。譯西法者未加詳考，輒謂舊法春秋二分，並差兩日，則厚誣古人矣。夫《授時曆》所註二分日，各距二至九十一日有奇，乃恒氣也《曆經》《曆草》皆明言恒氣。其所註晝夜各五十刻者，必在春分前兩日奇，及秋分後兩日奇，則定氣也。定氣二分與恒氣二分，原相差兩日，《授時》既遵《大衍曆議》，以恒氣二分注曆，不得復用定氣，故但於晝夜平分之日，紀其刻數，則定氣可以互見，非不知也。且《授時》果不知有定氣平分之日，又何以能知其日之爲晝夜平分乎？夫不知定氣，是不知太陽之有盈縮也，又何以能算交食，何以能算定朔乎經朔猶恒氣，定朔猶定氣，望與上下弦亦然？夫西法以最高卑疏盈縮，其理原精，初不必爲此過當之言，良由譯書者並從西法入手，遂無暇參稽古曆之源流，而其時亦未有能真知《授時》立法之意者，爲之援據古義，以相與虛公論定，故遂有此等偏說，以來後人之疑議，不可不知也。

其所以爲此説者，無非欲以定氣注曆，使春秋二分，各居晝夜平分之日，以見《授時》古法之差兩日，以自顯其長，殊不知《授時》是用恒氣，原未嘗不知定氣，不得爲差。而西法之長於《授時》者，亦不在此以定氣注曆，不足爲奇，而徒失古人置閏之法，欲以自暴其長，反見短矣。故此處宜酌改也，後條詳之。

再論恒氣定氣

問：《授時》既知有定氣，何爲不以註曆？

曰：古者註曆，只用恒氣，爲置閏地也。《春秋傳》曰：『先王之正時也，履端於始，舉正於中，歸邪於終邪與餘同，謂餘分也。履端於始，序則不愆；舉正於中，民則不惑；歸邪於終，事則不悖。』〔一〕蓋謂推步者，必以十一月朔日冬至爲起算之端，故曰履端於始，而序不愆也。又十二月之中氣，必在其月。如月内有冬至，斯爲仲冬十一月；月内有雨水，斯爲孟春正月；月内有春分，斯爲仲春二月；餘月並同。皆以本月之中氣，正在本月三十日之中，而後可名之爲此月，故曰舉正於中，民則不惑也。若一月之内，只有一節氣，而無中氣，則不能名之爲何月，斯則餘分之所積，而爲閏月矣。閏，即餘也。前次餘分累積，歸於此月而成閏月。有此閏月以爲餘分之所歸，則不致春之月入於夏，且不致今冬之月入於明春，故曰歸邪於終，事則不悖也。然惟以恒氣註曆，則置閏之理易明，何則？恒氣之日數皆平分，故其每月之内，各有一節氣、一中氣假如冬至在十一月朔，則必有小寒在其月望後，若冬至在十一月晦，則必有大雪節氣在其月

〔一〕《左傳·文公元年》。

望前，餘月並然，此兩氣策之日合之，共三十日四十三刻奇，以較每月常數三十日，多四十三刻奇，謂之氣盈。又太陰自合朔至第二合朔，實止二十九日五十三刻奇，以較每月三十日，又少四十六刻奇，謂之朔虚。合氣盈、朔虚計之，共餘九十刻奇，謂之月閏，乃每月朔策與兩氣策相較之差也假如十一月經朔與冬至同時刻，則大寒中氣必在十二月經朔後九十刻，而雨水中氣必在次年正月經朔後一日又八十刻奇，其餘月並準此求之。積此月閏，至三十三個月間即二年零九個月，其餘分必滿月策，而生閏月矣。閏月之法，其前月中氣，必在其晦，後月中氣，必在其朔，則閏月只有一節氣，而無中氣，然後名之爲閏月假如閏十一月，則冬至必在十一月之晦，大寒必在十二月之朔，而閏月只有小寒節氣，更無中氣，則不可謂之爲十一月，亦不可謂之爲十二月，即不得不名之爲閏月矣。斯乃自然而然，天造地設，無可疑惑者也。一年十二個月，俱有兩節氣，惟此一個月，只一節氣，望而知其爲閏月。今以定氣註曆，則節氣之日數多寡不齊，故遂有一月内三節氣之時，又或有原非閏月，而一月内反只有一中氣之時，其所置閏月，雖亦以餘分所積，而置閏之理不明，民乃惑矣。然非西法之咎，乃譯書者之疏略耳。何則？西法原只有閏日，而無閏月，其仍用閏月者，遵舊法也，亦徐文定公所謂『鎔西洋之巧算，入大統之型模』也。按：《堯典》云『以閏月定四時成歲』，[一]乃帝堯所以命羲和，萬世不刊之典也。今既遵《堯典》而用閏月，即當遵用其置閏之法，而乃不用恒氣，用定氣以滋人惑，亦昧

〔一〕《尚書·堯典》。

於先王正時之理矣。是故測算雖精，而有當酌改者，此亦一端也。

今但依古法，以恒氣註曆，亦仍用西法最高卑之差，以分晝夜長短進退之序，而分註於定氣日之下，即置閏之理昭然衆著，而定氣之用亦並存而不廢矣。

又按：恒氣在西法爲太陽本天之平行，定氣在西法爲黄道上視行，平行度與視行度之積差有二度半弱。西法與古法略同，所異者最高衡有行分耳。古法恒氣注曆，即是用太陽本天平行度數分節氣。

論七政之行並有周有轉有交

閏月五星之行，並有周天，有盈縮遲疾，有出入黃道之交點，共三事也。太陽亦然乎？

曰：並同也。太陽終古行黃道，則無出入黃道之交點，然而黃道出入於赤道，亦可名交，是故春秋二分，即其交點，亦如月離之有正交中交也。因此而日躔有南陸北陸之行，古者謂之發斂行南陸爲發，行北陸爲斂，並以其離北極之遠近言之，於是而四時之寒燠以分，晝夜刻之永短有序，皆交道之所生，以成歲周。是故歲周者，即太陽之交道也，與月離之交終同也。然以歲差之故西法謂之黄道東行，故每歲三百六十五日二十四刻奇此以授時古率言之，已滿歲周矣，又必加一刻有半亦依古率約之，始能復躔冬至元度假如本年冬至日躔箕宿三度八十分，次年冬至必在箕宿三度七十分奇，是歲序已周，而元度未復，故必於三百六十五日二十四刻奇之外復加一刻有半，始能復躔於箕三度八十分，是爲太陽之周天與月行之周天同也。月行周天與交終原非一事，是故太陽之周天與歲周原爲兩事也。然太陽之行，有半年盈曆，半年縮曆，即恒氣定氣之所由分古法起二至，西法起最高冲，尤爲親切，亦如月離之轉終。是又爲一事，合之前兩者歲周與周天，共爲三事，乃七政之所同也。

按：月離交終，以二十七日二十一刻奇。而陽曆陰曆〔一〕之度一周，在月周天前，以較周天度，爲有欠度也，轉終以二十七日五十五刻奇。而遲曆疾曆之度一周，在月周天後，以較周天度，爲有餘度也。月周天之日數，在二者之間，亦二十七日又若干刻而周，雖同大餘，不同小餘，當其起算之初，所差不過數度如交終與轉終相差三十四刻奇，即其差度爲四五度，積至一年，即差多度太陰每年行天十三周半，即相差六十餘度，故其差易見。日躔歲周，以二十四節氣一周爲限，因有恒星東行之歲差，故其度在周天前，以較周天度，爲有欠分也約爲七十分度之一。日躔盈縮，以盈初、縮末、縮初、盈末一周爲限，因最高有行分，故其度在周天後，以較周天度爲有餘分也亦約爲七十分度之一。以一歲言之，三者並同大餘，即小餘亦不甚遠歲周三百六十五日二十四刻奇，增一刻半即周天，又增一刻半即盈縮，曆周但差刻不差時，積其差至七十年，即各差一度歲周不及周天七十年差一度，即恒星東行之歲差，而盈縮曆至七十年，又過於周天一度，即最高之行，於是歲周與盈縮曆周共相差二度，並至七十年而後知之也。故其差難見七十年只差一度，故難見也。然雖難見，其理則同以周天之度爲主，則歲周之差度退行，亦如太陰交終差度之每交逆退也，而盈縮入曆之差度於周天爲順行，亦如太陰之轉終差度每轉順行也，而周天度則常不動，但以太陰之交轉周比例之，則判然三事，不相淩雜矣。

問：曆法中所設交差轉差，即此事乎？

〔一〕『陽曆陰曆』，兼濟堂本作『陰曆陽曆』。

曰：亦微有不同。蓋交差轉差，是以交終轉終與朔策相較或言其日，或言其度，並同，兹所論者，是以交終轉終與周天相較，故其數不同也。其數不同，而曆法中未言者，何也？緣曆家所驗在交食，故於定朔言之綦詳，而月之周天反略。惟陳星川壤、袁了凡黄所撰《曆法新書》，明立太陰周天日數，謂之月周，與交終、轉終並列爲三，實有裨於曆學，而人或未知，故特著之。

又徵之五星，亦皆有周天，有曆周即盈縮如月之入轉，有正交中交，是故此三事者，日月五星之所同也。知斯三者，於曆學思過半矣外此則月有朔望，五星有假目，並以距日之遠近而生，故太陽所與月、五星同者，惟此三事。

論月建非耑言斗柄

問：行夏之時，謂以斗柄初昏建寅之月爲歲首。議者以冬至既有歲差，則斗柄亦從之改度，今時正月不當仍爲建寅，其説然乎？

曰：不然也。孟春正月，自是建寅，非關斗柄。其以初昏斗柄建寅者，注釋家未深考也。何則？自大撓作甲子，以十日爲天干自甲至癸，十二子爲地支自子至亥。天道圓，故以甲乙居東，丙丁居南，庚辛居西，壬癸居北，戊己居中，《參同契》所謂『青赤白黑，各居一方，皆禀中央戊己之功』〔一〕也。十干配以五行，圓轉周流，故曰天干也。地道方，故以寅卯辰列東，巳午未列南，申酉戌列西，亥子丑列北。《易大傳》所謂『帝出乎震，齊乎巽，相見乎離，致役乎坤，説言乎兑，戰乎乾，勞乎坎，成言乎艮』，〔二〕自東而南，而西而北，其道左旋，周而復始也。是十二支，以配四時十二月，静而有常，故曰地支也。天干與地支相加，成六十甲子，以紀歲紀日紀時，而皆準於月，以歲有十二月也。此乃自然而然之序，不可增減，不可動移。

〔一〕《周易參同契》卷上，『央』作『宫』。

〔二〕《周易·説卦第九》。

是故孟春自是寅月，何嘗以斗柄指寅，而後謂之寅月哉？如必以斗柄指寅而謂之寅月，則亦有寅年寅月寅時，豈亦以斗柄指寅而後得以謂之寅乎？是故《堯典》命羲仲宅嵎夷，平秩東作，以殷仲春；次命羲叔宅南交，平秩南訛，以正仲夏；次命和仲宅西，平秩西成，以殷仲秋；次命和叔宅朔方，平在朔易，以正仲冬。此四時分配四方，而以春爲歲首之證也。夫既有四仲月，以居卯午酉子之四正，則自各有孟月季月，以居四隅，仲春既正東爲卯月，其孟春必在東之北而爲寅月，何必待斗柄指寅乎？故『日中星鳥』，『日永星火』，『宵中星虚』，『日短星昴』，並只以晝夜刻之永短爲憑，以昏中之星爲斷，未嘗一言及於斗柄也。

又考孔子去堯時，已及千五百歲，歲差之度，已二十餘度。若堯時斗柄指寅，孔子時必在寅前二十度，而指丑矣，豈待今日而後知乎？然孔子但言行夏之時，蓋以孟春爲歲首，於時爲正，非以斗柄指寅，而謂之寅月也。

又考歲差之法，古雖未言，然而《月令》昏中之星，已不同於《堯典》，則實測當時之星度也。然《堯典》只舉昏中星，而《月令》兼言旦中，又舉其日躔所在，又於《堯典》四仲月之外，兼舉十二月而備言之，可謂詳矣，然未嘗一語言斗杓指寅爲孟春。

又考《史記·律書》，以十律配十二月之所建地支而疏其義，兼八風二十八舍以爲之説，而並不言斗建，惟《天官書》略言之，其言曰：『杓攜龍角，衡殷南斗，魁枕參首，用昏建者杓；夜半建者衡，平旦建者魁。』[一]是則衡亦可言建，魁亦可言建，而非僅斗杓，夜半亦有建，平旦亦有建，而非止初昏。其言甚圓。以是而知正月之爲寅，二月之爲卯，皆一定不可移。而斗之星直之即謂建，固非以初昏斗柄所指，而命之爲何月也。然則謂行夏之時，是以斗柄建寅之月爲歲首者，蓋注釋家所據一家之説，而未詳厥故也。今乃遂據其説，而欲改正月之建寅，可乎不可乎？

[一]《史記》卷二十七《天官書》。

再論斗建

問：説者又以各月斗柄，皆指其辰，惟閏月則斗柄指兩辰之間。由今以觀，其説亦非歟？

曰：非也。周天之度，以十二分之，各得三十度奇在西法爲三十度。凡各月中氣，皆在其三十度之中半；各月節氣，皆居其三十度之首尾。今依其説，斗柄所指各在其月之辰，則交節氣日，斗柄所指必在兩辰之間矣假如立春爲正月節，則立春前一日斗柄所指在丑，立春後一日斗柄指寅，而立春本日斗柄所指必在丑與寅之間，餘月皆然。十二節氣日，皆指兩辰之間，又何以别其爲閏月乎？若夫閏月則只有節氣無中氣，其節氣之日，固指兩辰之間矣。然惟此一日而已，其前半月後半月，並非兩辰之間也假如閏正月，則雨水中氣在正月晦，春分中氣在二月朔，而閏月只有驚蟄節，在月望，則其前半月必指寅，後半月必指卯，惟驚蟄日指寅與卯之交界縫中，可謂之兩辰間，閏在餘月亦然。地盤周圍分爲十二辰，首尾鱗次如環無端，又何處設此三十度於兩辰間，以爲閏月三十日之所指乎？凡若此等習説，並由未經實測，而但知斗杓所指爲月建，遂岐中生岐，成此似是而非之解。天下事，每壞於一知半解之人，往往然也。

又按：斗杓之星，距北極只二十餘度，必以北極爲天頂，而後可以定其所指之方。今中土所處在斗杓之南，仰而觀之，斗杓與辰極，並在天頂之北。其斗杓所指之方位，原難清楚，故古人只言中星，不言斗杓，蓋以此也如《淮南子》等書，言『招摇東指，而天下皆春』，[一]不過大概言之，原非以此定月。

又按：《傳》言：『營室之中，土功其始，火之初見，期於司里。』[二]又言：『水昏正而栽，日至而畢。』[三]《詩》亦言：『定之方中，作於楚宫。』[四]又言：『七月流火，九月授衣。』[五]古之人以星象授人時，如此者不一而足也。若以歲差考之，則於今日並相差一二旬矣。然而當其時，各據其時之星象，爲之著令，所以使民易知也。而終未有言斗杓指何方而作何事者，則以其方位之難定也，十二月建之非關斗柄明矣。是故斗柄雖因歲差而所指不同，正月之建寅，不可易也。

〔一〕《周書》卷四十七，作『招摇東指，天下識其春』。

〔二〕《國語·周語中》。

〔三〕《左傳·莊公二十九年》。

〔四〕《毛詩·鄘風·定之方中》。

〔五〕《毛詩·豳風·七月》。

論古頒朔

問：《論語》子貢欲去告朔之餼羊，孔子不然其説，曰：『我愛其禮。』不知周制頒曆，其式如何？

曰：頒朔，大典也，蓋王政在其中矣。古者天子常以冬月頒來歲十二月之朔於諸侯，諸侯受而藏諸祖廟，月朔則以特羊告廟，請而行之。如是其隆重者，何也？蓋既曰請而行之。則每月内各有當行之政令，頒於天子，而諸侯奉行惟謹焉。故告朔之後，即有視朔聽朔之禮，所以申命百官有司以及黎庶，相與恪遵，以奉一王之大法，此之謂奉正朔也。是故大之有朝覲會同之期，有隣國聘問之節，有天子巡狩、朝於方岳之時此等大禮皆以年計，而必有定期，如《虞書》東巡狩必於仲春，南巡狩必於仲夏之類。其於宗廟也，有禴祠烝嘗、四時之祭，有畊藉田、夫人親蠶以預備粢盛衣服之需；其於群神也，有山川社稷、祈穀報歲、八蜡五祀之典；其於黌序也，有上丁釋菜、冬夏詩書、春秋羽籥之制；其於農事也，有田畯勸農、播種收穫、溝洫堤防、築場納稼之務，有飲射讀法、遒人徇鐸之事；其於軍政也，有蒐苗獮狩、振旅治兵之政；其於土功也，有公旬三日之限；其於刑罰也，有宥過釋滯、折獄致刑之月。又如藏冰用冰，出火内火，仲夏斬陽木，仲冬斬陰木。獺祭魚，然後漁人入澤梁，豺祭獸，然後田獵之類。凡若此者，皆順四時之序，以爲之典章。先王之所以奉若天道也，而一代之典制既藏之太府，恪守無斁矣。又每歲頒示諸侯以申命之，諸侯又於每月之朔告於祖廟，請而奉行之。天子本天以出治，無一事敢違天時；諸侯奉天子以治其國，無一事不尊王命，以上順天時。唐虞三代所以國無異俗，家無異教，道德一而風俗同，蓋以此也。故曰頒朔告朔，實爲大典，而王政因之以行也。周既東遷矣，王政不行，魯不告朔，他國可知，蓋視爲弁髦久矣。厥後遂有司曆再失閏之愆，而大夫陪臣之僭亂紛紛矣。以秉禮之國，而蔑棄王朝大典，何怪其群相效尤是故夫子曰『我愛其禮』，蓋庶幾因此羊而念及先王之典也。如謂頒朔只以識月之大小，辨朔望生明死魄之干支，何取乎每月告廟之繁文也哉？由是以觀，則三代時所頒之曆，可知已矣。

論曆中宜忌

問：曆法中宜忌之説，古有之乎？

曰：無之也，蓋起近代耳。堯之命羲和也，曰『敬授人時』，曰『東作西成』，曰『允釐百工，庶績咸熙』，曆之大用，蓋如此也，何嘗有選擇之事乎？司馬遷曰：『閲陰陽之書，使人拘而多畏。』〔一〕其説蓋起於戰國之時。夫箕子陳《洪範》，其七曰稽疑。古者有大政，既斷之於主心，又謀及卿士、謀及庶人矣，然必謀及卜筮。古聖人不敢自專自用，而必協謀於神人，蓋其慎也。戰國力争，此義不明，太卜筮人之官廢，疑事無所决，陰陽家言乃紛然以出矣。隋唐之季，其説愈多，故吕才援引古義，著論以非之，可謂深切著明矣。然而教化不行，吉凶福禍之説深中於人心，黠者乘之，各立異説，以恫喝聾俗，愈出愈支。六十干支，而選擇之書，乃有九十餘家。同此一日，而此以爲大吉，彼以爲大凶，令人無所適從，誣民惑世，莫此爲甚。今官曆宜忌，本於選擇曆書，不知其爲元時所定、明初所定。然考史志，歷代言曆者，初無一字及於選擇。又如羅計四餘，郭守敬《曆經》所無，而《大統》增入之。然則此等不經之説，並元統、郭伯玉

〔一〕《史記》卷一百三十《太史公自序》。

等所爲耳。原其初意，或亦欲假此以定民之趨，然官曆雖頒宜忌，而民間偏惑通書。通書既非一種，而術者私書更多，雖户説以渺論不能止也。今若能一切删去，只載宜行政事及南北耕耘收穫之節，則唐虞三代敬天勤民之至意，復睹今日，豈不快哉！

洪武中，解大紳《庖西封事》曰：『治曆明時，授民作事，但申播植之宜，何用建除之謬，方向煞神，事甚無謂；孤虚宜忌，亦且不經。東行西行之論，天德月德之云，臣料唐虞之曆，必無此等之文。所宜著者，日月之行，星辰之次，仰觀俯察，事合逆順。七政之齊，正此類也。』按：此説甚正，惜當時不能用，然實爲定論，聖人所不能易也。

論治曆當先正其大，其分秒微差可無深論

問：曆法至今日可謂詳且密矣，然徵諸交食，亦或有微差之刻，何歟？

曰：此可以不必深論者也。考漢時不知定朔，故日食或不在朔，或差而前則食於晦，差而後則食於初二日。直至唐李淳風《麟德曆》始用定朔，於是蝕必在朔，無差日矣，然尚有差時。厥後《大衍曆》所推益密，《宣明曆》又立氣刻時三差，至宋《統天曆》《紀元曆》又加詳焉。迨元《授時曆》，遂無差時，但有差刻。今西曆言東西南北差，以黄道九十度限爲宗，其理益明，其法益善，然而亦或有時而差刻分者，何也？今夫盆盎之中可以照物，池沼澄清，則岸上之人物花鳥、山陵樹木畢現其中。然而其邊際所域，必有所改易，兩鏡相照，則多鏡層現於一時，而六層以上必有所窮，况乎以八尺璣衡測大圓之宫度？其大小之比例，道里之遼濶，不可以億計，而因積候之多，用算之巧，遂至交食應期，虧復應候，東西南北，方向胥符。而但有晷刻之後先，分秒之同異，即謂之不差可矣。國家治曆，所重者順天出治，以敬授人時。日食之類，所重在於修省。至於時刻小差，原非所重，但當令司曆者細加測候，詳紀其所差之數，以待後來修曆者，使有所據依，以益精其推步而已。斷不可因小節之微差，而輒更成法也。漢唐宋曆法屢改，而多不效；元明三四百年，守一授時法，而交食不效，只數事而已。况今新曆又加精於授時，何必復加更變乎？或謂曆算之差，由於尾數，予謂此一端耳。尾數有丢收，無關大數，所難者乃根數耳。盈縮遲疾之

根，雖有離朱，無所施其目，並由年深日久，然後知之。又如最高之行，利氏所定，與今所用不同，皆根數之差，曆所以取象於革也。

梅文鼎全集

曆學答問

曆學答問　目録

答祠部李古愚先生

曆算之學，散見經史，固儒者所當知，然其事既不易明，而又不切於日用，故學者置焉。博覽之士，稍涉大端，自謂已足。欲如絳縣老人，能自言其生之四百四十四甲子者，固已鮮矣，况能探討其義類乎？明公夙夜在公，日懋勤於職業，而心閒若水，孜孜好學，用其心於人所不用之處，真不易得。鼎雖疏淺無似，敢不勉竭鄙思，以仰答下問之勤乎？謹條如左。

問授時、大統二曆曆元，並歲實、積日、日法諸數。

按：曆元云者，曆家起算之端也。然授時曆元之法，與古不同，請先言古法。古人治曆，必先立元，元正然後定日法，法立然後度周天。其法皆據當時實測，以驗諸前史所傳。又推而上之，至於初古之時，取其歲月日時皆會甲子，又在朔旦，而日月五星皆同一度，以此爲起算之端，是謂曆元。自曆元順數至今造曆之時，凡歷幾何歲月，是爲積年。既有積年，即有積日，而此積日若用整數，則遇畸零，難以入算，而不能使曆元無餘分。故必析此一日爲若干分，使七曜可以通行，而上可以合曆元，下不違於實測，是爲日法。日法者，即一日之細分也，用此細分，自一日積之至於三百六十五日又四分日之一弱，使一歲之日盡化爲分，是爲歲實。古曆太陽每日行一度，則日法即度法，於是仍用此細分，自一度積之，至於三百六十五度又四分度之一弱，使其度亦盡化爲分，是爲周天。數者相因，乃作曆之根本。自漢太初曆以後，歷晉唐五代宋遼金諸家曆法，代有改憲，然其規模次第，皆大同而小異耳。

右古法曆元等項

惟元《授時曆》不然，其説以爲作曆當憑實測，而必逆推上古虚立積年，必將遷就其畸零之數，以求密合。既有遷就，久則易差，故不用積年之法，而斷自至元十七年辛巳歲前天正冬至爲元，上考往古，下驗將來，皆自此起算。棄虚立之元，用實測之度，順天求合，一無遷就，可謂開拓萬古之心胸者矣。至於大統，則以洪武十七年甲子爲元，然特易其名而已，一切步算，皆本授時，名雖洪武甲子，實用至元辛巳也。

右授時、大統曆元

惟授時不用積年，故日法亦可不立，而徑以萬分爲日。萬分者，日有百刻，刻有百分，故一萬也。古諸家曆法，雖皆百刻，而刻非百分，其日法皆有畸零。授時以萬分爲日，竟是整數，故曰不用日法，然即此是其日法矣。

右授時日法，大統同

授時既以萬分爲日，故其歲實三百六十五萬二千四百二十五分。其數自辛巳歲前天正冬至即庚辰年十一月中氣，積至次年壬午歲前天正冬至即辛巳本年十一月中氣，共得三百六十五日二十四刻二十五分也。若逆推前一年，亦是如此如自庚辰年十一月冬至逆推至己卯年十一月冬至，亦是三百六十五日二十四刻二十五分。此歲實之數，大統與授時並同。

然授時原有消長之法，是其新意。其法自辛巳元，順推至一百年，則歲實當消一分依法推至洪武十四年辛酉，滿一百年，其歲實消一分爲三百六十五日二十四刻二十四分。若自辛巳元，逆推至一百年，則歲實當長一分依法推至宋孝宗淳熙八年辛丑，滿一百年，歲實長一分，爲三百六十五日二十四刻二十六分。每相距增一百年，則歲實消長各增一分，以是爲上考下求之凖。

大統諸法悉遵授時，獨不用消長之法，上考下求，總定爲三百六十五日二十四刻二十五分，此其異也。

右授時、大統歲實

歲實即一年之日數也。自一年以至千年百年，共積若干，是爲積日，亦謂之中積分上考下求，皆距至元辛巳立算。

假如今康熙庚午歲，相距四百零九算自辛巳元順推至今康熙庚午，四百一十年，法以積年減一，得實距四百零九年。依授時法，推得積日一十四萬九千三百八十四日零一刻八十九分因距算四百以上，歲實當消四分，爲三百六十五日二十四刻二十一分，以乘距算四百零九，得如上數，是爲庚午歲前天正冬至上距辛巳歲前天正冬至之積日。若以日爲萬分，則所得化爲一十四億九千三百八十四萬零一百八十九分，謂之中積分。大統法不用消長，則積日爲一十四萬九千三百八十四日一十八刻二十五分中積分一十四億九千三百八十四萬一千八百二十五分。兩法相差，一十六刻三十六分以命冬至日辰，授時得癸卯日丑初三刻，大統得癸卯日卯初三刻。兩法皆加氣應。

右授時、大統積日

以上數端並在步氣朔章，是太陽項下事也。其曆元七曜同用，乃根數所立之處也。

問《授時》《大統》二曆月法、轉周、交周諸數。

按：月法者，即朔策也，亦曰朔實。其法自太陽太陰同度之刻，算至第二次同度，爲兩朔相距之中積分，平分之則爲望策，四分之則爲弦策。望者，日月相望，距半周天。弦者，近一遠三，上弦月在日東，下弦月在日西，皆相距天周四之一。《授時》朔策二十九萬五千三百零五分九十三秒，即二十九日五十三刻零六分弱也。《大統》同。

右月法

月平行每日十三度有奇，然有時而疾，則每日十四度奇，有時而遲，則每日只十二度奇，是爲月轉。初入轉則極疾，疾極而平，平而遲，遲極又平，平而又疾，以此遂有疾初、疾末、遲初、遲末四限。滿此一周，謂之轉終。《授時》轉終二十七日五十五刻四十六分。《大統》同。

右轉法

月不正行黄道，而出入其内外，故謂之交。交者，言其道交於黄道也。月行天一周，其交於黄道，只有二處。其始從黄道内而出於其外，此時月道自北而南，在黄道上斜穿而過，謂之正交。自正交行九十一度就整數，離黄道南六度，自此再行九十一度，又自黄道外而入於其内，此時月道自南而北，亦斜穿黄道而過，謂之中交。中交行至九十一度時，離黄道北亦六度，自此再九十一度，又自黄道内而出於其外，復爲正交矣。其法以正交後半周爲陽曆，中交後半周爲陰曆，滿此一周，謂之交終。《授時》交終二十七日二十一刻二十二分二十四秒。《大統》同。

右交道

以上三端，朔策在步氣朔章，轉終在步月離章，交終在步交會章，並太陰項下事也。

問《授時曆》有氣應何義。

按：氣應爲《授時》四應數之一，其法創立，古曆所無也。古曆立元，皆起初古，故但有積年而無根數即應數。《授時》既不立積年而用截算，不得不有四應數，以紀當時實測之數，爲上考下求之根，而氣應居一焉。氣即中氣節氣，二十四中節皆始冬至，故氣應者即冬至相應之真時刻也。當時實測辛巳歲前天正冬至，是己未日丑初一刻，故曰氣應五十五萬零六百分，即五十五日零六刻也。其法自甲子日爲一數起，挨算至戊午日得滿五十五日，又加子正後六刻則爲己未日丑初一刻矣。

氣應之外又有閏應以紀經朔，轉應以紀月之遲疾曆，交應以紀月之陰陽曆，亦是截算，皆實測辛巳年天正冬至氣應己未日丑初一刻所得，上距經朔及距入轉，距正交，各相應之數也。依法推到辛巳年天正經朔三十四日八十五刻半，爲戊戌日戌正二刻在氣應冬至前二十日二十刻五十分，其己未冬至氣應則爲經朔之二十二日。凡此皆《曆經》所未明言，兹特著之。

問推步交食之法。

按：曆家之法莫難於交食，其理甚精，其法甚備，故另爲一章。若知交食，則諸法盡知矣。然必能推步而加以講究，然後能由其當然以知其所以然，是謂真知。苟未能然，則所知或未全耳。請言其概。蓋曆法代更，由疏漸密，其驗在於交食。約略言之，有宜知者二端。其一，古者只用平朔。平朔者，一大一小相間。故漢晉史志往往有日食不在朔，而在朔之二日或晦日者。自唐李淳風《麟德曆》始用定朔，至一行《大衍曆》又發明之，始有四大三小之月，而蝕必在朔，此是一層道理。其一，自北齊張子信積候合蝕加時，立入氣加減，唐《宣明曆》本之，立氣刻時三差，至今遵用，即《授時曆》之時差及東西南北差也，此又是一層道理。前一説，由平朔改爲定朔，其根在天，蓋以日躔有盈縮，月離有遲疾，天上行度應有之差，天下所同也。後一説，於定朔之外又立三差，其根在地，蓋以日高月卑，正相掩時，中間尚有空隙，人所居地面不同，而所見虧復之時刻與食分之淺深，隨處各異，謂之視差。非天上行度有殊，而生於人目，一方所獨也。知此兩端，而交食之理思已過半，即曆法古疏今密之故，亦大概可見矣。至於入算，須看假如諸書中具有成式，然但能依法推步者，亦未必盡知其理，故謹以拙見，略疏大意，不知於來諭所謂已明其理者，同異何如？統容晤悉。

問發斂加時之法。

發斂加時之法，按此即《九章》中通分法也。《授時曆》以一日爲一萬分整數，今欲均分爲十二時，每時各得八百三十三分三三不盡，故依古法以十二通之，每一分通爲十二小分，則日周一萬通爲一十二萬，而每時各得一萬，故每遇一萬爲一時也。然滿五千亦進一時者，時分初正，各四刻奇。曆家以子正四刻爲今日，子初四刻爲昨日。今滿五千，即是半時，以當子正之四刻，輳完昨夜子初之四刻而成一時，故命起子初，算外即丑初，乃借算也遇有五千進一時者，一時算外是丑初，二時算外是寅初，餘仿此。若以一萬爲一時者，命起子正，算外即丑正，乃本算也無五千進一時者，一時算外是丑正，二時算外是寅正，餘仿此。其取刻數，又仍以十二除之，何也？曰：此通分還原也。時下零分，是以十二乘過之小分，今仍以十二除之，十二小分收爲一大分，復還原數。則所存者，即日周一萬之分，而每百分命爲一刻矣。

一法，加二爲時，減二爲刻，即是前法。但以加減代乘除，非有二也。何以言之？乘法是兩位俱動，而數陞者位反降，加法則本位不動，而但加二數於下位也，減二亦然。凡珠算十二除，當一歸二除。今用減二，則本位不動，但於下位減二，即定身除也。臺官不明算理，往往於此處有誤，但知以加減代乘除，則了然矣。是故算數者，治曆之本也。

又按：發斂二字，乃日道發南斂北之謂。蓋主乎北極爲言，則夏至近極爲斂，冬至遠極爲發。而自冬至以至夏至，則由遠而近，自夏至以至冬至，則由近而遠，總謂之發斂。古諸家曆法，皆以發斂另爲一章，其中所列爲二十四氣、七十二候之類，而加時之法附焉。故曰發斂加時，言發斂章各節候加時法也。元統作《通軌》，誤以十二通分爲發，十二除收刻爲斂，則以發斂爲算法之名，失其指矣，而《律曆考》因之以訛，不可不知也。

問：以授時法，上推春秋魯隱公三年辛酉歲，距至元辛巳二千年，中積七十三萬零四百八十九日，天正冬至六日零六刻，閏餘二十九日四十八刻，經朔三十六日五十七刻。今依法以滿甲子除中積而求冬至則合，以月策除中積而求經朔則不合，有一日三刻之差。其經朔應在冬至前耶，抑冬至在經朔前耶？

按：此以百年長一之法，上推往古，中積諸數原自不錯，惟求經朔閏餘則誤加爲減，故有一日三刻之差。而所以差者，由於未深明經朔閏餘立法之源也。今具論之。

天正經朔
閏餘
天正冬至

經朔者，日月合朔之當日也。冬至者，日軌南至而影長之日也。日南至而影長，是日與天會也。日月合朔，是月與日會也。月會日謂之一月，日會天謂之一年，二者常不齊，此曆法所由起也。古曆十九年七閏，謂之一章。章首之年，至朔同日，其餘則皆不同日矣。故天正經朔常在冬至前，冬至常在經朔後，自經朔至冬至，其間所歷日時謂之閏餘，以閏餘減冬至得經朔，以閏餘加經朔得冬至，理數之自然也。

今自至元辛巳，逆推隱公辛酉，法當以所得中積七十三萬零四百八十九日在位，用至元閏應二十〇日二十〇刻半減之，餘七十三萬零四百六十八日七十九刻半爲閏積，以朔策二十九日五十三刻〇五分九十三秒爲法除之，得二萬四千七百三十六個月，仍有不滿之數四刻六十五分五十二秒，用以轉減朔策，餘二十九日四十八刻四十〇分四十一秒，爲其年之閏餘分，即是其年冬至在經朔後之日數也。

凡求經朔之法，當於冬至内減閏餘。今推得其年冬至是六日零六刻，不及減閏餘，故以紀法六十日加冬至而減之，得三十六日五十七刻五十九分五十九秒，爲其年天正經朔，是庚子日子正後五十七刻半强也。

復置經朔三十六日五十七刻五九五九，以閏餘二十九日四十八刻四零四一加之，得六十六日零六刻。除滿紀法去之，仍得六日零六刻，即是其年冬至，爲庚午日子正後六刻也。

庚午距庚子整三十日，即知其年冬至在次月朔，爲至朔同日之年，而年前閏十二月矣。

今誤以閏餘去減經朔爲冬至，所以差一日三刻也經朔三十六日五十七刻内，減去閏餘二十九日四十八刻，餘七日零九刻，以校先得冬至六日零六刻，實多一日三刻。

問閏月宜閏歲前十二月乎？或閏正月乎？先儒辯之，今不得其解。

按：閏月之議，紛紛聚訟，大旨不出兩端。其一，謂無中氣爲閏月。此據左氏『舉正於中』爲說，乃曆家之法也。其一，謂古閏月俱在歲終。此據左氏『歸餘於終』爲論，乃經學家之詁也。若如前推隱公辛酉冬至，在經朔後三十日，宜閏歲前十二月，即兩説齊同，可無疑議。然有不同者，何以斷之？曰：古今曆法，原自不同。推步之理，踵事加密。故自今日言曆，則以無中氣置閏爲安，而論《春秋》閏月，則以歸餘之説爲長。何則？治《春秋》者，當主經文。今考本經書閏月，俱在年終，此其據也。

問至元辛巳至隱公辛酉二千年中閏月幾何？

按：　此易知也。前以朔策除閏積，得二萬四千七百三十六月，内除二萬四千月，爲二千年應有之數，其七百三十六即閏月也。此與古法十九年七閏之法亦所差不多。

問二千年中交泛若干次，入食限若干次，及交泛字義何解？　經朔合朔何所分別？

按：　月與日會，謂之合朔，然有平朔，有定朔。三代以上，書籍散軼，不可深考。所可知者，自漢以來只用平朔，唐以後乃用定朔。定朔與平朔有差至一日之時，然必先求平朔，然後可求定朔。今曰經朔即平朔也，以其爲合朔之常數，故謂之經。得此常數，再以盈縮遲疾加減之，即定朔矣。是故合朔者，總名也。因有定朔，故别爲之經朔耳。

交者，月道出入於黄道也。授時之法，二十七日二十一刻二十二分二十四秒而月道之出入於黄道一周，謂之交終。以此爲法而除中積，則得其入交次數矣。今以本法，求到魯隱公辛酉正月經朔入交十七日三十八刻九六七〇，自此下距至元辛巳，凡滿交終二萬六千八百四十三，其出入於黄道也，各二萬六千八百四十四。

至於食限，則不可以預定，何也？　入交雖有常數，而其食與否又當以加減差及氣刻時三差諸法定之。

又按：入交亦有平日，有定日。此云泛者，亦平義也。因先求平日，次求定日，故命之曰泛。泛者，以别於定也。然《曆經》本文，謂之入交泛日，或省文曰入交，或曰泛交，未有稱交泛者。其稱交泛，則臺官之語，以四字節去首尾，而中撮兩字爲言，文理不安，所當改正者也。

問：《周髀算經》，牽牛去極樞，共積九百九十二億七千四百九十五萬分，以一度積八億五千六百八十萬爲法除之，復原度一百一十五度一千六百九十五里二十一步又一千四百六十一分步之八百一十九，用何算法還原？

按：此乃通分法也。凡算家通分之法，所以齊不齊之分，便乘除也。若如郭太史以一萬分爲度，則分有百秒，秒有百微，皆以十百爲等，自然齊同，通分之法可以不用。而古曆不然，各有所立之法，其法又不同母，此通分之法所由立也。即如《周髀》所立度法，是一千九百五十四里二百四十七步又一千四百六十一分步之九百三十三。度下有里，里下有步，步下有分，其法不同。故必以里通爲步，乃以零步納入，步又通爲分，乃又以零分納入，此所謂通分納子也。然後總計其分，以爲度法即度積。法曰：置一千九百五十四里在位，以每里三百步爲法乘之，得五十八萬六千二百步，如是則里通爲步，可以納子矣。於是以零步二百四十七加入，共得五十八萬六千四百四十七步，復置在位，以步之分法一千四百六十一爲法乘之，得八億五千六百七十九萬九千零六十七分，則步又通爲分，可以納子。於是再以零分九百三十三加入，共得八億五千六百八十萬分，是爲度法，言滿此分爲一度也。其外衡去璿璣即牽牛去極數二十二萬六千五百里，亦以每里三百步乘之，得六千七百九十五萬步，是里通爲步也。又置爲實，以每步一千四百六十一分乘之，得九百九十二億七千四百九十五萬分，是步又通爲分也，以爲實。於是以法除實，得滿法之數一百一十五，命之爲度。其不滿法之數，仍餘七億四千二百九十五萬分，不能成一度，當以里法收之爲里。法曰：置每里三百步，以每步一千四百六十一分乘之，得四十三萬八千三百分，是爲里法。以里法爲法，餘分七億四千二百九十五萬分爲實，實如法而一，得一千六百九十五，命爲里。仍有餘分三萬一千五百，不能成一里，當以步法收之爲步，法曰：置餘分三萬一千五百爲實，以每步一千四百六十一分爲法除之，得二十一步。仍有餘分八百一十九，不能成一步，即命爲分。

用上法求得一百一十五度一千六百九十五里二十一步又一千四百六十一分步之八百一十九，適合原數。

緣實數是里數牽牛去極二十二萬六千五百里，是里數也，法數有里有步有分，不便乘除，故必以里通爲步，步又通爲分，乃可乘除。故曰齊同法實，乘以散之也。

其不滿法者，以里法收之爲里。又不滿里法者，以步法收之爲步。再不滿步法，命爲零分。故曰『不滿法者，以法命之』。又曰『位盡於一步，故以其法命餘爲殘分』也。通分之法，不過如此，乃正法也。

今《周髀》所載之法，其初通法實並爲分，末以法命殘分並同，惟中間收餘分微異，則古人截算之法也，具如後。凡算有除兩次者，則以兩次除之之法，相乘爲法以除之，謂之異除同除。如以三除，又以四除，則以三乘四得十二爲法除之，變兩次除爲一次除也。若算有法數太多者，則變爲簡法。兩次除之，謂之截法。如以七十二除之者，則以八除之，又以九除之，即與七十二除同，此兩者正相對，而其理相通也。

如餘分七億四千二百九十五萬，不滿一度，宜收爲里。法當以每里三百步乘每步一千四百六十一，共化爲四十三萬八千三百分，此即異除同除之法也。《周髀經》則先以每里三百步除之，得二百四十七萬六千五百爲里實，再以周天分即步法爲法除之，得一千六百九十五里，不盡一百〇五，此即截法，變一次除爲兩次除也。

右所得里數，與前法不異。所異者，前法餘分三萬一千五百，而今用截法，只一百〇五，此何以故？因前法所餘是實分。今用截法，則餘分是用每里三百步除過者，則此餘分一數内各藏有三百之數也是以三百分爲一分。

餘分内既各帶有三百之數，則當以三百乘之，復還原分之數，然後可以收爲步，此亦正法也。何以言之？蓋餘分有二，頭一次是不滿一度之分，則當收爲里，此餘分又是不滿一里之餘分，故當收爲步，然而步之法是周天一千四百六十一分，乃實數也。此所餘一百〇五是三百分爲一分，非實數也。若仍以三百乘之，則亦爲實數而可以乘除矣，故曰正法也。

《周髀》之法則又不然，雖亦以三乘之，而不言百以三百乘一百零五，該三萬一千五百。今以單三數乘之，只三百一十五，則每餘分内仍帶有一百之數，餘分爲實者，既以百分爲一分，則其滿法而成一步者，即是百步既是以百分爲一分，則其滿一千四百六十一之法而成一步者，則是滿了一百個一千四百六十一而成百步也，故曰『不滿法者三之』，言以單三數乘不滿法之餘分也。又曰『如法得百步』，言此餘分既以三乘，則其滿法者爲百步也。又自疏其義曰：『上以三百約之，爲里之實。此當以三百乘之爲步之實，而言三之者，不欲轉法，更以一位爲一百之實，故從一位命爲百也。』此蓋自明其不以三百乘，而以三乘之故，是欲以得數爲百步也。得數爲百步，則其實亦百步之實也，故曰省算也。刻本『三百乘之』句，遺『百』字，『而言三之』句，遺『三』字。

既言『如法得百步』，而今之餘實只三百一十五，在一千四百六十一之下，是不能滿法也。不能滿法者，即不能成百步也，於是以餘分進位三百一十五變爲三千一百五十爲實，而以滿法爲十步，何也？原一分内有百分，今雖進位以一分爲十分，然仍未復原數，仍是十分爲一分，故得數即爲十步也。

法曰：置三百一十五，進位爲實變三千一百五十，以法一千四百六十一除得二數，命爲二十步，不盡二百二十八。經曰『不滿法者又上十之，如法得十步』，亦省算也，上之，即進位也。此餘分既各帶有十分，故復以十乘之，即得本數。

法曰：置二百二十八，又進位爲實變爲二千二百八十，以法一千四百六十一除得一數，命爲一步，不盡八百一十九。經曰『不滿法者又上十之，得數爲一步』，又自疏之曰『又復上之者，便以一位爲一實，故從一實爲一』，言末次進位，則適得本數爲實，而得數亦爲本數也。

凡看曆書與别項文字不同，須胸中想一渾圓天體，併七政旋行之道，了了在吾目前，則左右逢源，有條不紊，故圖與器皆足爲看書之助。右所疏數條，言雖淺近，然由淺入深，庶幾有序，天下最深微之理，亦即在最麤淺中，舍麤淺無深微矣。謹復。

答嘉興高念祖先生

律曆天官，具載二十一史，南北國學並有雕版，國家試士發策多有及此者，本學者所當知也。然或者以其不切於辭章之用，又其義難驟知，讀史者至此則置而不觀。先生獨能縷舉其異同分合之端以爲問，可見其留心之有素，不愧家學之淵源。請陳其管蠡之愚，以求正定。

問：《史記》八書，三曰律，四曰曆，分律與曆言之也。《前漢書》合稱律曆，改書爲志，而《後漢書》《晉書》《北魏書》《隋書》《宋史》並因之。《宋書》《新唐書》、遼金元三史則皆有曆志而不及律，何歟？

按：律曆本爲二事，其理相通，而其用各別。觀於唐虞命官，羲和治曆，夔典樂，各有專司，太史公本重黎之後，深知其理，故分爲二書，班書合之非也。獨是《曆書》所載，非當時所用之法，乃殷曆也，非漢曆也其四年而增一日，即《四分曆》之所祖。又謬以太初元年丁丑爲甲寅，干支相差二十三年，蓋褚先生輩所續，余於《曆法通考》中已詳辯之，兹不具悉。而漢《太初曆》八十一分日法反載於班《志》，意者孟堅以其起數鐘律，遂從而合之歟。後世言曆者率祖班《志》，故史亦因之，厥後漸覺其非而不能改。直至元許衡、郭守敬乃始斷然以測驗爲憑，不復以鐘律卦氣言曆，一洗諸家之傅會，故其法特精，此律曆分合之由也人有恒言，漢曆莫善於《太初》，唐曆莫善於《大衍》。殊不知漢曆至劉洪《乾象曆》始精，若《太初》則最疏，獨其創始之功不可没耳。若

《太衍》本爲名曆，測算諸法至此大備，後世不能出其範圍，特以《易》數言曆，反多牽附，其失與《太初》之起數鐘律同也。明水公云：以律配曆可也，而以生曆則不可。又云：僧一行頗稱知曆，而竄入於《易》以眩衆。此誠千古定論，而經生家所不能知也。至於稱書稱志之不同，蓋太史公合記古事，故名《史記》。班孟堅專述本朝，故踵《虞書》《夏書》之目而稱《漢書》，全部既稱書，不得不别其類爲志，無深意也。

問：曆書之次曰『天官書』，《前漢書》改爲『天文志』，《後漢書》《晉書》《宋書》《南齊書》《隋書》《唐書》、宋金元史並仍之，而《晉書》《宋史》天文在律曆之前，金元二史亦在曆前，北魏則改爲天象，遼史則合曆與天象稱曆象，有以異乎？

按：言天道者原有二家：其一爲曆家，主於測算，推步日月五星之行度，以授民事而成歲功，即《周禮》之馮相氏也；其一爲天文家，主於占驗吉凶禍福，觀察祲祥災異，以知趨避而修救備，即《周禮》之保章氏也。班史析之甚明，故雖合律曆爲一志，而别出《天文》也。易『天官』爲『天文』者，星象在野象物，在朝象官。故星在赤道以内近紫微垣者，古謂之中官；在赤道外者，古謂之外官。天官之説，蓋取諸此也。《易》曰『觀乎天文，以察時變』，其改稱『天文』本諸《易》也。《易》又曰『天垂象，見吉凶』，北魏改名『天象』，亦本《易》也。占與測雖分科，亦互相爲用，故《遼史》合之也。至於晉《天文志》在《律曆》之前，以日月交食、五星淩犯皆曆家所據，以爲推測之用，故先之。又晉志出李淳風之手，其星名占法，視古加詳而亦有同異。爾後言占者悉本淳風，故其次序亦因之也。

問：史書中有一代總無《律曆》《天文》志者，果盡出於史闕文之意乎？

按：史之有志，具一代之典章，事事徵實，不可一字鑿空而談，較之紀傳頗難。故《三國》無志，誠爲闕事，而范氏《後漢書》本亦無志，今志乃劉昭續補也。至於天文曆法，尤非專家不能，故晉隋兩志並出淳風，《新唐書·曆志》《五代史·司天考》並出劉羲叟，其餘則既無其人，又無其書，雖欲不闕而不可得，此亦史臣之不得已也。五代則五十餘年而六易姓，紀載無徵，故僅有司天、職方二考，他皆闕如。而《司天》又止有王樸《欽天曆》法，其交蝕凌犯並無可稽，故不復稱志而名之曰考也。

問：五行志創始班書，乃《史記》所未有，而後漢、晉、宋、南、齊、隋、唐、宋、金、元九史並仍之，其義何居？

按：《虞書》惟言六府，《洪範》始言五行，其以五事配五行，又以禨占祥異皆件係之，而以時事言其應，其説蓋濫觴於夏侯氏之治《尚書》，而詳於劉向父子，太史公時其説未著，故始見班書，而諸史因之。要其説亦有應不應，當其應也，固足以爲警戒，及其不應，反足以啟人不信之心。《唐書》以後，但紀災祥，不言事應，有合於《春秋》之義，此可以爲法者也。

答滄州劉介錫茂才

問：左右轄距軫宜平，今左近右遠，又狼星之邊有弧矢，錯亂不齊，不其經星亦常移位耶？

按：自古以列宿爲不動，故曰經星，又謂之恒星。乃占書中往往有動移之説，愚切疑其未然。蓋既曰動移，則必先知其不移之位，然後可以斷其實移。而古本圖象，大約傳久失真，人所目擊不過數十年之内，何以知今日之星座必與古異，而謂之動移哉？又必暫見其移，未幾即復本位，始謂之變。若數十年中所見盡同，則常也，而非變也。查《崇禎曆書》，右轄距軫南右星凡二度奇，左轄距軫北左星只半度奇，一遠一近，誠如尊諭。又弧矢天狼不甚整齊，皆如所測。夫《曆書》成於前戊辰，距今六十四年，而星座之經緯如故，亦足以徵其非動矣。至於曆法中，亦自有經星東行之法，其理與歲差相應，非如占書之言動移也。弧破矢折之論，似宜更詳。

問：本年閏七月初八夜太陰食心前星，不知何應？第三日初十夜大風雨雷電，是有解散否？

查閏七月太陰犯心前星，當是初七日戊亥二時，月加丁未坤之地，非初八也。此時月正上弦，行至心宿三四度間，值月半交在黄道南五度奇，與心宿東星逼近，理得相爲掩犯，然皆月道當行之道，非失行也。

又按：古人云三日内得雨則解，此蓋爲暈珥虹霓之屬，多爲風雨之氣所結，故應在本方。若七政之凌犯，多方共睹，殆難一例。

問：十數年前親見太白過午者累日，是經天耶？晝見耶？主何休祥？

按：太白星繞日爲輪，離太陽前後不得過五十度，故夕見西方，仍没於西，晨出東方，仍没於東，非不過午也。其過午必與日偕，爲日光所掩故也。若日光微而星光盛，在晝漏明，是爲晝見，晝見不必盡在午地也。若在午地，則爲經天矣。然亦有非晝見而能經天者，此又别自有説，不知所見過午者，是晝乎，是晨夕乎？嘗考前史所載經天之事不一而足，占書之説未免過於張皇，非其質也。愚不敢輒信占書，亦正謂此等處耳。

問：來年元旦日食五分十七秒，一曰五穀貴，一曰主大水，孰爲實應？抑别有徵耶？又十數年前長星見久，應在何時？

按：日食元旦，古亦多有，然其數可以預推，與凌犯同理。若長星之見，自是災變，然聖人遇災而懼，實有修省轉移之道。故古人言占，必兼人事，若執定占書一兩言以斷其休咎，將修德弭災語爲虚設，而天亦可量矣。是固不敢妄談。

問：曆法最難解者，未宫鬼金羊爲主。今未宫全係井度，而鬼反在午，室火猪只十度在亥，而餘皆入戌，不知天運何年西下，諸宿移而天盤動？

按：列宿移而天盤動，即歲差之法也。周天列宿分十二宫，古今曆法各各迥異，要其大端之改易有三。自隋以前，未用歲差，故天之十二宫皆隨節氣而定，如冬至日躔度即爲丑初之類，一也。唐一行始定用歲差，分天自爲天，歲自爲歲，故冬至漸移而宫度不變，以後曆家遵用之，所以明季言太陽過宫，以雨水三朝過亥，二也。若今西曆，則未嘗不用歲差，而十二宫又復隨節氣而移，三也。三者之法，未敢斷其孰優，然以平心論之，則一行似勝，何以言之？蓋既用歲差，則節氣之躔度年年不同，故帝堯冬至日在虚，而今在箕，已差五十餘度。若再積其差，冬至必且在尾、在心、在氐房、在角亢，顧猶以冬至之故而名之曰丑宫，則東方七宿不得爲蒼龍而皆變玄武，北方宿反爲白虎，西方宿反爲朱鳥，而南方朱鳥爲蒼龍，名實盡乖。即西法之金牛、白羊諸宫皆將易位，非命名取象之初旨，即不如天自爲天、歲自爲歲之爲無弊矣。故新曆之推步實精，而此等尚在可酌，不無俟於後來之論定耳。先生於此深疑，實與鄙意相同。至若十二生肖及演禽之法，别有本末，與曆家無涉，亦無與於星占，可無深論。

以星推命，不知始於何時。然吕才之闢禄命只及干支，至韓潮州始有『我生之時，月宿南斗』之説，由是徵之，亦在《九執》以後耳。每見推五星者率用溪口曆，則於七政躔度疏遠，若依新法則宫度之遷改不常，二者已如枘鑿之不相入，又安望其術之能驗乎？夫欲求至當，則宜有變通，然其故多端，實難輕議。或姑以古法分宫，而取今算之七政布之，則既不違其本術，亦不謬乎懸象。雖未知驗否何如，而於理庶幾可通矣。請以質之高明。

問：冬夏致日，以土圭求日至之景是也，而春秋又以致月，其説何如？

按：日行黄道，有南至北至，月亦有之。月之北至，則陰曆是也；月之南至，則陽曆是也。夫月之陰陽曆隨時變遷，而必於春秋測之，何耶？凡言至者，皆要其數之所極，則必有中數以爲之衷，如日道有南至有北至，相差四十七度奇，而其中數則赤道也。月有陰曆有陽曆，出入於黄道各六度弱，而其中數則黄道也。夫黄道之在冬夏，既自相差四十七度奇，則已無定度，又何以爲月道之中數乎？惟春秋二分之黄道與赤道同度，則其東出西没及過午之度並與赤道無殊，於此測月，可得陰陽曆出入黄道之真度矣。假如二分之望，月在其衝春分之望，月必在秋分之宿度；秋分之望，月必在春分之宿度，則日没於西正而月出於卯正，日出於卯正而月没於西正，其出没方位必居卯酉正中，與日相等。然而或等焉，或不等焉。或有時而出没於酉正卯正之南，則知其在陽曆也；有時而在卯正酉正之北，則知其在陰曆也。又此時日之過午也，必與本處之赤道同高即冬夏二至日軌高度折中之處，則月亦宜然。然而月之過午，或有時而高於日度，則知其在陰曆也；有時而卑於日度，則知其在陽曆也。若月之出没，在卯酉之正而不偏南北，月之過午一如日軌之度而略無高卑，則爲正當交道而有虧食，故曰惟春秋可以測月也。

康成註曰：『冬至日在牽牛，景丈三尺；夏至日在東井，景尺五寸。此長短之極。』此言冬夏致日也。

又曰：『春分日在婁，秋分日在角，而月弦於牽牛東井，亦以其景知氣至。』此言春秋致月也。

賈疏云：『春分日在婁，其月上弦在東井，圓於角，下弦於牽牛；秋分日在角，上弦於牽牛，圓於婁，下弦於東井。鄭并言月弦於牽牛東井，不言圓望，義可知也。』按：此賈疏，增成鄭義，足與愚説相爲發明。蓋但以日軌爲主，則春秋致月亦致日之餘事，即於兩弦立説，亦足以明。若正言致月之理，則必將詳考其交道出入之端，與夫陰陽曆遠近之距，則兼望言之，其理益著也。

問陰陽曆之法，於兩弦亦可用乎？曰：可。凡冬夏至表景，既有土圭之定度夏至尺五寸，即土圭之定度也。冬至景丈三尺，蓋亦以土圭之度度之而知，則月亦宜然。而今測月景，每有不齊，則交道可知。

假如春分日在婁，而月上弦於東井，秋分日在角，而月下弦於東井，則是月所行者，夏至日道也，其午景宜與土圭等。又如春分日在婁，而月下弦於牽牛，秋分日在角，而月上弦於牽牛，則是月行冬至日道也，其午景宜與土圭所度冬至長景等。而徵之所測，或等焉，或不等焉。其等與定度者，必月交黄道之度也；其短與定度者，必月在日道之北而爲陰曆也；其長於定度者，必月在日道之南而爲陽曆也。是故兩弦亦可以測陰陽曆也。然則陰陽曆之變動若此，又何以正四時之叙？曰：日道之出入赤道也，距遠至廿四度，月道之出入黄道最遠止六度，距廿四度，故景之進退也大夏至尺五寸，冬至一丈三尺，相去懸絶。距止六度，故景之進退也小陰曆陽曆之月景，所差於日景者不過尺許而已。假如月上下弦在東井，而景更短於土圭，其爲夏至之陰曆更無可疑。即使是陽曆，而景長於土圭，其長不過尺許，無害其爲夏至之黄道也。又如月上下弦在牽牛，景加長於土圭所定之度，其爲冬至之陽曆已成確據。即使是陰曆，而景短於土圭所定之度，其短亦不過尺許，無損其爲冬至之日道也。夫兩弦之月道既在二至之度，則日躔必在二分，而四敘不忒，故曰舉兩弦立説，亦足以明也。

或疑洛下閎製渾儀，止知黃道。至東漢永元銅儀，始知月道。至陰陽交道之説，後代始密，《周禮》所言致月或未及此。曰：《洪範》言日月之行，則有冬有夏，是古有黃道也。十月之交見於《詩》，是古知交道也。洛下閎等草創於祖龍煨燼之餘，故制未備，而以此疑《周禮》乎？夫謂曆術屢變益精者，如歲差之類必數十年始差一度，故久而後覺。若月之陰陽曆，月必一周，視黃道之變尤爲易見，而謂古人全不之知，吾不信也。

或又疑土圭，只尺有五寸，則惟北至時可用，餘三時何以定之？曰：經固言日北景長，日南景短矣。其長其短亦必有數，則皆以土圭之尺寸度之耳。然則夏日至景如土圭者，冬日至景必數倍於土圭，而以土圭度之，無難得其丈尺，故冬夏並言致日也。

問：嘗考《春秋》曆法，訛舛甚多，不知左氏之誤，抑古曆不如此也。夫驗於古，然後可施於今。今以最疏之古曆尚不可考，則《太初》以下，其疑難當更何如？

按：曆法古疏今密，乃古今之通論。蓋謂天體無窮，天道幽遠，踵事漸增，斯臻其善，非謂古人之智不及後人也。夫考古曆之疏密，必須得其立算之根。今自秦火以來，並無一書能言三代以上之曆法，所謂殷周六曆，率皆僞撰，不足爲據。《春秋左氏》之不合，又何疑焉？若夫三代以下，《太初曆》始創規模，洛下閎等之功自不可没。自是以後，屢代加詳，由後之密曆觀之，遂覺其前之爲最疏耳。曆家之言曰：驗天以求合，無爲合以驗天。是故治曆者必當求之天驗，求諸天驗則當以近代之密測者爲憑，而詳徵算術以得其當然之理，又知其所以然之故，然後備考古術，徐求其改憲源流，博稽經史，以考其徵信，合者存之，疑者闕焉，斯不爲用心於無益矣。尊著以《春秋》二百四十年月日列序，以考其得失，用功甚勤，與氏族、官制、地名等考，皆有功於經傳，其書自可孤行。若但以曆法言，仍當從事於郭太史《授時》法與今西法，庶可以得其門户矣。

余初學曆，原從《授時》入手，後復求之廿一史，始知古人立法改憲各有根源。見史志僅載算法，而無一語注釋，因稍稍以所能知者解之，遂以成帙，最後始得西術，此事益明。然卷帙既多，又竄改無定，亦欲俟稍暇，再加繕寫，以請正高明耳。

問：日食古無其法，漢日食每多先天，終漢四百年無人修改，則洛下閎、張衡皆夢夢歟？

按：古日食，每不在朔者，以古用平朔耳。古所以用平朔者，以日月並紀平度也。東漢劉洪作《乾象曆》，始知月有遲疾。北齊張子信積候二十年，始知日有盈縮。有此二端，以生定朔，然而人猶不敢用也。至唐李淳風、僧一行始用之，至今遵用。乃驗曆之要，然非有洛下閎之渾儀、張衡之《靈憲》，則測驗且無其器，又何以能加密測？愚故曰古人之功不可没也。

問五星遲疾逆留。

按：五星之遲疾留逆，漢以前無言之者，漢以後語焉而不詳。雖《授時曆》號爲至精，而於此未有精測，至西曆乃能言之，此今曆勝古之一大端也。

問月食地景。

按：月食地影之説，肇於泰西。驟言之若可駭，細審之確有實據。然必於曆學深究其根，乃知其説爲不誣耳。

問平差立差。

按：平差、立差、定差之法，古無其術，乃郭太史所創爲，以求七政盈縮之度，所以造立成之根本也。其法日月五星並有之，亦非如平朔、定朔之用。曆家用字偶同，如此者多，徵實言之，乃知其故耳。據云依立招差，又云依垛疊立招差，則似古算術中原有其法，而今採用之，然不可考矣。愚嘗因李世兄之問而爲之衍算，頗覺其用法之巧焉。

梅文鼎全集

雜著

雜著　目録

地度弧角

地度求斜距法

有兩處北極高度，又有兩處相距之經度，而求兩地相距之里數。

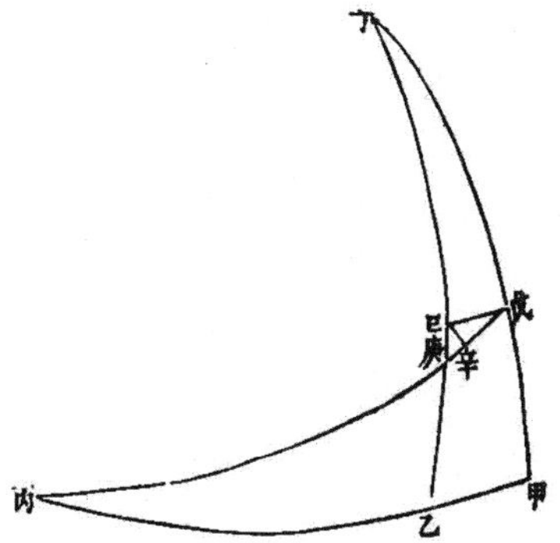

甲乙丙爲赤道象弧，丁爲極丁角之度爲甲乙，戊甲距四十五度，甲乙十度半即經度之距，亦即丁角，己乙距四十度，求戊己之距。

法作戊庚丙象弧，斜交於赤，先求庚乙距，以減己乙，得庚己邊。

又求戊庚邊，求庚角，成戊庚己小弧三角形。

算戊己庚小三角，有一角庚兩邊一戊庚邊，一己庚邊，而求己戊邊。

法先作己辛垂弧，截出戊辛邊，並求戊角，因得己戊邊。

乃以度變成里，此所得即大度。

若距赤同度，則但以距赤道餘弦，求其比例，得里數。

一率　全

二率　距赤餘弦

三率　大度里數二百五十里

四率　緯圈里數

如距赤四十五度，依法算得離赤道四十五度之地，每一度該一百七十六里二百八十步。如東西相距二十七度，該四千七百七十二里三百五十步弱。

論曰：地有距赤緯度，又有東西經度，經度如句，緯度相減之餘如股，兩地斜距如弦。既有句有股，可以求弦，而不可以句股法求者，地圓故也。

又論曰：此爲一角兩邊，而角在兩邊之中，法當用斜弧三角法，求其對角一邊之度，變爲里，即里數也。或用垂綫分形法，並同。

補論曰：己點或在庚上，或在其下，其用庚角並同。但在下，則當於庚乙內，減己乙，而得己庚。

以里數求經度法

或先有兩地相距之里數，而不知經度。

法先求兩處北極高度，乃以兩高度之餘爲兩邊，及相距里數變成度用二百五十里大度。又爲一邊，成弧三角形。乃以三邊求角法，求其對里數邊之一角，即經度也。

論曰：凡地經度，原以月食時取其時刻差，以爲東西相距。然月食歲不數見，又必多人兩地同測，始能得之，況月天最近，有氣、刻、時三差，及朦影之改變高度，非精於測者，不易得準。今以里數求之，較有把握。得此法與月食法相參伍，庶幾無誤。

凡以里數論差，當取徑直。若遇山林水澤、峻嶺迴谷，則以測量法求其折算之數而取直焉。不但左右不宜旋繞曲折，斯謂之直。即高下若干，亦須用法取平。

若兩地極高同度，則但以距赤道餘弦即極高度正弦求其比例，得經度。

一率　距赤度餘弦

二率　全數

三率　里數所變之度用二百五十里爲度

四率　相應之經度緯圈經度也，與赤道大圈相應，但里數小耳

論曰：北極高度雖有準則，然近在數十里內，所争在分秒之間，亦無大差。今以里數準之，則當以正東西爲主，如自東至西之路，合羅金卯酉中綫，斯爲正度。若稍偏側，亦當以斜度改平，然後算之，視極高度，反似的確。

二儀銘補註

仰儀

按：《元史·天文志》簡儀之後，繼以仰儀。然簡儀紀載明析，而弗録銘辭，仰儀則僅存銘辭，而弗詳制度，蓋以銘中弗啻詳之也。庚寅莫春，真州友人以二銘見寄，屬疏其義，余受而讀之。簡儀銘既足以補史志之闕，仰儀銘與史亦多異同，而異者較勝，豈牧庵作銘後復有定本耶？爰据其本，以爲之釋，仍附録史志原文，以資考訂焉。

不可形體，莫天大也。無競維人，仰釜載也。

言天體之大，本不可以爲之形似，而今以虛坳似釜之器，仰而肖之，則以下半渾圓對覆幬之上半渾圓，而周天度數悉載其中，此人巧之足以代天工，故曰無競維人也。

六尺爲深，廣自倍也，兼深廣倍，絜釜兑也。

釜形是半渾圓，而其深六尺，是渾圓之半徑也。倍之爲廣，則渾圓之全徑也。兼深與廣之度而又倍之，渾圓之周也。蓋仰儀之口圓徑一丈二尺，周三丈六尺也。兑爲口，故曰釜兑，絜猶度也此雖亦徑一圍三古率，然其器果圓，則畸零在其中矣。

振溉不洩，繚以澮也。正位辨方，曰子卦也。

釜口周圍爲水渠環繞，注水取平，故曰振溉不洩，繚以澮也。釜口之面均列二十四方位，而從子半起，子午正則諸方皆正，故曰正位辨方，曰子卦也。

横縮度中，平斜載也。斜起南極，平釜鐓也度入聲。

縮直也，仰儀象地平下半周之渾天，其度必皆與地平上之天度相對待，故先平度之。從儀面之卯酉，作弧綫相聯，必過儀心，以横剖釜形爲二，地平下卯酉半規也。又直度之，從儀面之子午作弧綫相聯，亦過儀心，而直剖釜形爲二，地平下子午半規也。兩半規交於儀心正中，天在地平下，正對天頂處也，故曰衡縮度中。然此所謂中，乃平度之中其衡縮度之者，並自地平之子午卯酉出弧綫，而會於地平下之中心。若在天之度，固自斜轉，即非以此爲中，故既平度之，復斜度之，有兩種取中之法，故曰平斜載也載猶再也，斜度奈何？曰：宗南極也。法於地平下子午半規，匀分半周天度，乃用此度。自地平午數至南極入地度，命爲斜度之中心，故曰斜起南極言緯度從此起。釜鐓者，釜之鐓，即儀心也鐓徒對切，矛戟底平者曰鐓，《曲禮》進矛戟者前其鐓，《類篇》矛戟柲下銅也。儀類釜而形仰，最坳深處爲其底心，故謂之鐓，爲地平下兩半規十字交處，而下半渾圓之心，平度以此爲宗，亦如斜度之宗南極，故曰平釜鐓也。蓋以此二句，釋上二句也不言起，省文。

小大必周，入地畫也。始周浸斷，浸極外也。

此言斜度之法也。斜畫之度，既宗南極，則其緯度之常隱不見者，每度皆繞極環行而成圓象每度相去約一寸弱，雖有大小，皆全圓也近南極旁則小，漸遠漸大，每度相離一寸，其圓徑之大小，每度必加二寸，故曰小大必周。而明其爲入地之晝也，在南極常隱界内故也。若過此以往，則離極益遠，緯度之圓益大，其圓之在地平下者，漸不能成全圓，而其闕如玦，以其漸出南極常隱界外也，故曰始周浸斷，浸極外也亦是以下句釋上句。

極入地深，四十太也。北九十一，赤道齘也。列刻五十，六時配也。

儀設於元大都，大都北極出地四十度太四分之三爲太，則南極入地亦然。仰儀準之，近南極四十度内皆常隱界也。若四十一度以上，則所謂始周浸斷者也。至於離南極一象限四分天周各九十一度奇爲象限，銘蓋舉成數也，則爲赤道之齘，而居渾天腰圍矣齘，齒相切之界縫也。《考工記》函人衣之，欲其無齘也。仰觀經緯之度，入算處並只一綫，故曰齘。凡晝夜時刻，並宗赤道，赤道全周，匀分百刻，以配十二時。仰儀赤道，乃地平下半周，故列刻五十，配六時也。六時者，起卯正初刻，畢酉初四刻，皆晝時。仰儀赤道半周，居地平下，而紀晝時者，日光所射，必在其衝也日在卯，光必射酉，日在午，光必射子，餘時亦皆若是。

衡竿加卦，巽坤内也。以負縮竿，子午對也子，《元史》作本。**末旋機杖**機杖，《元史》作璣板，**窾納芥也。上下懸直，與鐓會也。視日漏光，何度在也。**

此仰儀上事件也。巽東南，坤西南，所定釜口之卦位也。横竿之兩端加此二卦者，以負直竿也。直竿正與口爲平面，承之者必稍下，故曰内也。直竿加横竿上如十字，其本在午，而末指子，故曰對也。直竿必圓，取其可以旋轉，而竿末則方，其形類板。板之心，爲圓竅甚小，僅可容芥子，故曰窾納芥。窾即竅也，然必上下懸直以爲之準。蓋直竿之長，適如半徑，其末端雖自午指子，實不至子。而納芥之竅，正在釜口平圓之心，於此懸繩取正，則直綫下垂，亦正直釜底鐓心，故曰與鐓會也。既上下相應，無豪髮之差殊，則竅納芥處亦即爲渾圓心矣。凡所以爲此者，以取日光，求真度也，何則？仰儀爲釜形，以象地平下之半天，而所測者，地平上之天也，故必取其衡度以命之。而渾圓上經緯之相衡，必過其心，兹也璣板之竅，既在渾圓之最中中央，從此透日光以至釜底，視其光之在何度分，即可以知天上日躔之度分矣。漏，即透也。

暘谷朝賓，夕餞昧也。寒暑發斂，驗進退也。

此詳言測日度之用也。《虞書》分命羲仲，宅嵎夷，曰暘谷，寅賓出日；分命和仲，宅西，曰昧谷，寅餞内日。此古人測日用里差之法也。今有此器，則隨地隨時可測日度，即里差已在其中，不必暘谷昧谷，而寅餞之用已全矣。《周禮》以土圭致日，日至之影，尺有五寸，爲土中。又取最長之影，以定冬至，此古人冬夏致日之法也。今有此器，以測日道之發南斂北日躔在赤道以南謂之發，在赤道以北謂之斂，皆以其遠近於北極而立之名，則每日可知其進退之數二分前後，黄赤斜交，故緯度之進退速。二至前後，黄赤平行，故緯度之進退緩。細考之，亦逐日各有差數，不必待南至北至而可得真度，視表影所測，尤爲親切矣。

薄蝕終起，鑒生殺也。以避赫曦，奪目害也。

言仰儀又可以測交食也日月交食，一曰薄蝕。曆家之測驗莫大於交食，而測算之難亦莫如交食。是故測食者有食之分秒，有食之時刻，有食之方位。必測其何時何刻，於何方位初虧，爲食之起；何時何刻，於何方位復圓，爲食之終；何時何刻，於何方位食分最深，爲食之甚。自虧至甚，爲食之進；自甚至復，爲食之退。凡此數者，一一得其真數，始可以驗曆之疏密，以爲治曆之資。然太陽之光最盛，難以目窺。今得此器，透芥子之光於儀底，必成小小圓象，而食分之淺深進退畢肖其中但蝕於左者，光必闕於右，蝕於右者，光必闕於左，上下亦然，皆取其對衝方位，而時刻亦真，不煩他器矣。古者日食修德，月食修刑。然春生秋殺之理，固在寒暑發斂中，而起虧進退尤測之精理，此蓋與上文互見相明也。

南北之偏，亦可概也。極淺十七，林邑界也。深五十二《元史》作五十奇，**鐵勒塞也。淺赤道高，人所載也。夏永冬短，猶少差也。深故赤平，冬晝晦也。夏則不没，永短最也**載當作戴。

此言仰儀之法，不特可施之大都，而推之各方並可施用，因舉二處以概其餘也。蓋時刻宗赤道，赤道宗兩極。而各方之人，所居有南北，北極之出地遂有高卑，而南極之入地因之有深淺。則有地偏於南如林邑者，其地在交趾之南，是爲最南，故其見北極之高只十七度，即南極之入地亦只十七度，而爲最淺。又有地偏於北如鐵勒者，其地在朔漠之北，是爲最北，故其見北極之高至五十餘度，即南極之入地亦五十餘度，而爲最深。南極入地淺，則赤道入地深，而成立勢。其赤道之半在地上者，漸近天頂，爲人所戴，故夏日亦不甚長，冬日亦不甚短，而永短之差少也。南極入地深，則赤道入地淺，而成眠勢。其赤道之半在地上者，漸近地平，繞地平轉，故冬日甚短而或至晝晦，夏晝甚長而日或不没，永短之最，斯爲極致也按《元史》，鐵勒北極高五十五度，夏至晝七十刻，夜三十刻，北海北極高六十五度，夏至晝八十二刻，夜十八刻，未至於夏日不没，則冬亦不至晝晦。然北海之北，尚有其北，北極有漸直人上之時，遠徵之《周髀》所言，近驗之西海所測，夏不没，冬晝晦，容當有之。銘蓋因二方差度，而遂以推極其變也。

一天之書，曰渾蓋也。一儀即揆，何不悖也。以指爲告，無煩喙也。闇資以明，疑者沛也。智者是之，膠者怪也。

此言仰儀之有裨於推步也。渾天蓋天，並古者測天之法，蓋同出於一源，傳久而分，遂成岐指。近代蓋天之説浸微，惟《周髀算經》猶存十一於千百，而習之者稀。今得此器，以肖地平下之天，雖常隱不見之南極，其度數皆如掌紋，而渾天之理賴以益明，即蓋天家所言七衡之説並可相通，初無齟齬，然後知渾蓋兩家實有先後一揆，並行而不悖者矣。所以者何也？多言亂聽，喙愈煩而心惑；一儀惟肖，指相授而目喻也。由是而理之闇者，資之以明，從來疑義，渙然冰釋。雖其器創作，或爲膠固者之所怪，而其理不易，終爲明智者之所服矣《周髀算經》云：北極之左右，物有朝生暮穫。趙爽注曰：北極之下，從春分至秋分爲晝，從秋分至春分爲夜。是北極直人上，而南極益深，爲人所履，赤道平偃，與地面平。日遂有時而不没地，爲永短之最。觀於仰儀，可信其理。

過者巧曆，不億輩也。非讓不爲，思不逮也。將窺天眹，造物愛也。其有俟然，昭聖代也。泰山厲兮，河如帶也。黄金不磨，悠久賴也。鬼神禁訶，庶勿壞也。

此承上文而深贊之也。言古來巧曆，不可數計，然不知爲此者豈其謙讓不遑乎？無亦精思有所未及耳。抑天道幽遠，將造物者不欲以眹兆令人窺測，而或有愛惜耶。其或待人而行，非時不顯，故若有所俟，必至聖代而始昭耶。然則茲器也，實振古所未有，而茲器之在宇宙間，亦當與天地而常存。雖泰山如礪，長河如帶，而茲器也悠久賴之，如黄金之不磨，而鬼神且爲之呵護，以庶幾勿壞矣。

按：史載斯銘，引古六天之説，而謂仰儀可衷其得失，是等蓋天於宣夜諸家而歸重渾天也。然郭太史有異方渾蓋圖，固已觀其會通。兹則並舉渾蓋，且以仰儀信其揆之一，蓋牧庵之曆學深矣，愚故以斷其爲重定之本也。學無止法，理愈析益精，古之人皆如是。上海徐公之治西曆也，開局後數年，推宗郭法，乃重於前。惟公則明，惟虚受益。好學深思者，其知所取法哉。

簡儀

儀製詳《元史》，兹約舉爲銘，而文章爾雅，能略所詳，詳所略，與史相備，因并釋之

舊儀昆侖，六合包外。經緯縱横，天常衺帶。三辰内循，黄赤道交。其中四遊，頫仰鈞簫。

此將言簡儀，而先述渾儀也。昆侖即混淪，古者渾天儀，渾圓如球，故曰舊儀昆侖也。渾天儀有三重，外第一重爲六合儀，有地平環，平分廿四方向，有子午規、卯酉規，與地平相結於四正，又自相結於天頂，以象宇宙間四方上下之定位，故曰六合包外，經緯縱横也。又依北極出地，於子午規上數其度分，命爲南北二極之樞，兩樞間中分其度，斜設一規，南高北下，以象赤道之位，而分時刻，謂之天常規，故又曰天常衺帶也。内第二重爲三辰儀，亦有子午規、卯酉規，而相結於兩極，各爲樞軸，以綴於六合儀之樞。中分兩極間度，設赤道規，與天常相直。又於赤道内外，數南北二至日度，斜設一規爲黄道，兩道斜交，以紀宿度，以分節氣，而象天體。故曰三辰内循，黄赤道交也。内第三重爲四遊儀，亦有圓規，内設直距，以

帶橫簫。橫簫有二，並綴於直距，而能運動，故可以上下轉而周窺。規樞在兩極，又可以左右旋而遍測。故曰其中四遊，頫仰鈞簫也。

凡今改爲，皆析而異。繇能疏明，無窒於視。

此承上文而言作簡儀之大意也。渾天儀經緯相結而重重相包，今則析爲單環，以各盡其用，故曰皆析而異。各環無經緯相結，作之既簡，而各儀各測，無重環掩映之患，故曰疏明無窒於視也。

四遊兩軸，二極是當。南軸攸沓，下乃天常。維北欹傾，取軸榘應。鏤以百刻，及時初正。赤道上載，周列經星。三百六十，五度奇贏。

此以下正言簡儀之製也。簡儀之四遊環，用法與渾儀之四遊同，而厥製迥異。原亦有經緯相結，今只一環雖用雙環而左右平列，無經緯相結，即如一環。又原在渾儀之內，爲第三重，今取出在外，而中分其環，命爲兩極，北極樞軸連於上規之心，南極樞軸在赤道環心，故曰四遊兩軸，二極是當。南軸攸沓，下乃天常也。天常即百刻環，與赤道相疊，言天常不言赤道，省文也。上規貫北雲架柱之端，赤道百刻疊置，承以南雲架柱，兩雲架柱斜倚之勢，並準赤道，但言維北欹傾者，省文互見也。兩並欹傾，則二軸相應如繩，正指兩極，而四遊環可以運動，其勢恒與上下兩規作正方折，其方中矩，故曰取軸矩應。此以上言四遊環也。百刻環勻分百刻，又勻分十二時，時又分初正，此二句言百刻環也。赤道環疊於百刻環上，故曰上載。其環勻分十二次周天全度，於中又細分二十八舍距度，故曰周列經星，三百六十五度奇贏也百刻環，即六合儀上斜帶之天常。赤道環，即三辰儀之赤道。然皆不用子午規，而單環疊置，此其異也。

地平安加，立運所履。錯列干隅，若十二子。

地平環，分二十四方位，與渾儀同干，八干，甲乙丙丁庚辛壬癸。隅，四維，乾坤艮巽。十二子，支辰，子丑寅卯辰巳午未申酉戌亥也。然彼爲六合儀之一規，此則獨用平環臥置，以承立運，故曰立運所履也。立運環，渾儀所無，兹特設之，以佐四遊之用。其製亦平環分度，而中分之爲上下二樞，上樞在北雲架柱之横軏，下樞在地平環中心，二樞上下相應，如垂繩之立，而環以之運，故謂之立運。

五環三旋，四衡絜焉。

一四遊，二百刻，三赤道，四地平，五立運，凡爲環者五也。旋，運轉也。五環之内，百刻地平不動，四遊赤道立運並能運轉，是能旋者三也。衡即横簫，古稱玉衡。絜，猶絜矩之絜。用衡測天，如算家之吏術，絜而度之，以得其度也。簡儀之衡凡四，而並施於旋環之上。故曰五環三旋，四衡絜焉也下文詳之。

兩綴闚距，隨捩留遷。欲知出地，究兹立運。去極幾何，即遊是問。

兩者兩衡，承上文四衡而分别言之，先舉其兩也。兩者維何，一在立運環，一在四遊環也。闚，闚管。距，直距。捩，關捩，即樞軸也。留遷者，言或留或遷，惟人所用也。闚管綴於直距，有樞軸以轉動，隨其所測，可以頫仰周闚，此兩衡之所同也，然各有其用。欲知日月星辰何方出地，及其距地平之高下，則惟立運可以測之。若欲知其去北極遠近幾何度分，惟四遊可以測之，此又兩衡之所異也。

赤道重衡，四弦末張。上結北軸，移景相望。測日用一，推星兼二。定距入宿，兩候齊視。

前云四衡，而上文已詳其兩，尚有二衡復於何施？曰：並在赤道環也。赤道一環何以能施二衡？

曰：凡衡之樞在腰，而此二衡者並以赤道中心之南極軸爲軸，重疊交加，可開可合，故曰重衡也。衡既相重，故不曰闕衡，而謂之界衡。界衡之用在綫，不設闕管也，用綫奈何？其法以綫自衡樞間，循衡底之渠貫衡端小孔上出，至北極軸，穿軸端所結綫，折而下行，至衡之又一端，入貫衡端小孔，順衡底渠，至衡中腰結之。如此則一綫折而成兩，並自衡端上屬北極，其勢斜直，張而不弛，半衡如句，而綫爲之弦，一衡首尾二綫，重衡則四綫矣，故曰四弦末張。末，指衡端。張者，狀其綫之弦直也。北軸，即北極之軸，穿綫處也。四弦綫並起衡端而宗北極，故又曰上結北軸也。景，謂日影移衡對日，取前綫之景，正加後綫，則衡之首尾二綫與太陽參直，故曰移景相望也。衡上二綫既與太陽參直，則界衡正對太陽。衡端所指，即太陽所到。加時早晚，時初時正，何刻何分並可得之百刻環中，具列其數，則一衡已足。故曰測日用一也。測星之法，移衡就星，用目睨視，取衡上二綫與其星相參值，則爲正對，與用日景同理，但須二衡並測。故曰推星兼二也。二衡並測奈何？曰：二十八舍，皆有距星，以命初度。若欲知各宿距度廣狹者，法當以一衡正對距星，又以一衡正對次宿距星，則兩衡間赤道度分，即本宿赤道度分矣。若欲知中外官星入宿深淺者，法當以一衡對定所入宿距星，復以一衡正對此星，稽兩衡間赤道，即得此星入宿度分矣。既用二衡，即亦可兩人並測。故曰定距入宿，兩候齊視也。

巍巍其高，莫莫其遥。蕩蕩其大，赫赫其昭。步仞之間，肆所賾考。明乎制器，運掌有道。法簡而中，用密不窮。歷考古陳，未有侔功。猗與皇元，發帝之藴。畀厥羲和，萬世其訓。

簡儀之製及其用法，上文已明。此則贊其制作之善，歸美本朝也。言天道如斯高遠，乃今測諸步仞之間，如示諸掌，則制器有道耳。其爲法也，簡而適中；其爲用也，密而不窮。歷考古制，未有如我皇元斯器之善者，誠可以垂之久遠也。

按：郭太史守敬《授時曆》，得之測驗爲多。所製簡儀，用二綫以代管闚，可得宿度餘分，視古爲密。然推星兼二之用，史志未言。得斯銘以補之，洵有功於來學。

或問渾儀如球，而簡儀之五環三旋，並只單環，何也？曰：渾儀雖如球，而運規以測，亦止在單環之上。今以單環旋而測之，即與渾儀無二，而去其繁複之累與測時掩映之患，以較渾儀，不啻勝之。今者西器，或用一環之半爲半周儀，或四分環之一爲象限儀，並因此而益簡之，以測渾體，初無不足。

然則世有謂郭公陰用回回法者，非與？曰：非也。元世祖初，西域人進《萬年曆》，稍頒用之，未幾旋罷者，以其疏也。今札馬魯丁之測器，具載史志，其所爲晷景堂地里志者，無有與郭公相似之端，至於綫代管闚，實出精思創制。今西術本之，亦以二綫施於地平儀，而反謂郭公陰用回曆，是未讀《元史》也。

西國月日考

考回國聖人辭世年月

回國聖人辭世年月，據西域齋期江寧至鴻堂刻单以康熙庚午五月初三日起，是彼中第九月一日，謂之勒墨藏，一名阿咱而月也。至六月初三日開齋，是彼中第十月一日，謂之紹哇勒，一名答亦月，是爲大節。再過一百日，至九月十三日，爲彼中第一月第十日，謂之穆哈蘭，一名法而斡而丁月，其日爲阿叔喇，濟貧之期，謂之小節。

鼎嘗以回回曆法推算，本年白羊一日，入第六月之第八日，與此正合。又據齋期云，本年庚午，聖人辭世，共計一千〇九十六年此太陽年。考本單開聖人生死二忌，在本年十一月十四日，在彼爲第三月，謂之勒必歐勒傲勿勒，又名虎而達。查西域阿剌必年，是開皇己未，距今康熙爲一千〇九十二算減一，爲一千〇九十一，乃開皇己未春分，至今康熙庚午春分之積年。

又查己未年春分，在彼中爲太陰年之第十二月初五日。以距算一千〇九十一，減聖人辭世千〇九十六，相差五年。逆推之，得開皇十四年甲寅，爲聖人辭世之年。

約計甲寅至己未，此五年中節氣與月分差，閏五十五日，則甲寅春分當在彼中第十月之初。聖人辭世，既是第三月，則在春分月前七箇月，爲處暑月，即今七月也。

自開皇甲寅七月十四日聖人辭世，至今康熙庚午七月十四日，正得一千〇九十六年，故曰共計一千〇九十六年也。

據此，則開皇甲寅是彼中聖人辭世之年，薛儀甫謂爲回回曆，蓋以此而誤。

又按聖人以第三月辭世，而其年春分則在第十月。今彼以第十月一日爲大節，蓋爲此也。

考泰西天主降生年月

據《天地儀書》，耶蘇降生至崇禎庚辰，一千六百四十年。算至康熙庚午，一千六百九十年。

查康熙戊辰年瞻禮单，誕辰在冬至後四日，日躔箕宿七度。

逆推漢哀帝庚申約差廿四度，則是當時冬至，在斗宿之末，約計耶蘇降生在冬至前二十餘日，爲小雪後四五日也。

自哀帝庚申十月，算至隨開皇甲寅七月望，回回教聖人馬哈本德辭世，實計五百九十四年，不足兩個多月。

考《曆書》所紀西國年月

萬曆十二年甲申，西九月十五日，日躔壽星二度。又十三年乙酉，西九月廿八日，日躔壽星十五度半。

萬曆十四年丙戌，西十月□□日，日躔壽星二十九度。又十五年丁亥，西十月廿六日，日躔大火十二度太。

萬曆十六年戊子，西十一月初八日，日躔大火二十六度太。又十七年己丑，西十一月廿二日，日躔析木十一度弱。

萬曆十八年庚寅，西十二月初六日，日躔析木廿五度。又十九年辛卯，西十二月廿一日，日躔星紀九度。

萬曆廿三年乙未，西正月三十日，日躔玄枵廿一度。

萬曆卅五年丁未，西七月初九日，日躔鶉首廿六度五三。又三十七年己酉，西七月廿一日，日躔鶉火八度半。

萬曆三十八年庚戌，西八月初二日，日躔鶉火二十度。又三十九年辛亥，西八月十五日，日躔鶉尾二度。

按此所紀，皆是以日躔星紀二十度爲正月初一日。

析木二十度或十九度爲十二月朔。　大火十九度或二十度爲十一月朔。

壽星十八度爲十月朔。　鶉尾十八度爲九月朔。

鶉火十九度或十八度爲八月朔。　鶉尾十八度爲七月朔此亦約略之算。細求之，尚有太陽盈縮。

又正德九年甲戌，西五月初五日子正前，日躔大梁二十二度四十分，是以大梁十九度爲五月朔所測在子正前，西曆紀日月午正，故曰十九度。

正德十五年庚辰，西四月三十日，日躔大梁十七度四八。是以降婁十九度爲四月朔。

又本年七月十三日，日躔鶉火初度。是以鶉首十八度爲七月朔。

嘉靖二年癸未，西十一月廿九日，日躔析木十五度五四。是以大火十八度爲十一月朔。

嘉靖六年丁亥，西十月初十日，日躔壽星廿七度。是以壽星十八度爲十月朔。

嘉靖八年己丑，西二月初一日，日躔玄枵廿一度。是以玄枵廿一度爲二月朔。

萬曆十年壬午，西二月廿六日，申初二刻，日躔娵訾十七度四十九分四二。是以玄枵廿二度爲二月朔。

萬曆十一年癸未，西九月初六日，日躔鶉尾廿三度。是以鶉尾十八度爲九月朔。

萬曆十四年丙戌，西十二月廿六日，申初二刻，太陽在星紀宫十四度五十一分五三。是以析木十九度爲十二月朔。

萬曆十六年戊子，西十二月十五日巳初刻，太陽在星紀二度五十三分。是以析木十九度爲十二月朔。

萬曆十八年庚寅，西二月初八日午正後三十四刻，太陽視行在娵訾初四十秒。是以玄枵廿三度爲二月朔。又本年九月初七日子正，日躔鶉尾二十四度。據此初一日，鶉尾十八度。

萬曆廿一年癸巳，西八月初十日，日躔鶉火廿七度。是以鶉火十八度爲八月朔。

又漢順帝永建二年丁卯，西三月廿六日酉正，太陽在降婁一度十三分。是以娵訾七度爲三月朔。

順帝陽嘉二年癸酉，西六月初三日申正，太陽在實沈九度四十分。是以實沈七度爲六月朔。

順帝永和元年丙子，西七月初八日午正，太陽在鶉首十四度十四分。是以鶉首七度爲七月朔。又本年西八月三十一日，九月初一，太陽在鶉尾七度。

順帝永和二年丁丑，西十月初八日，太陽在壽星十四度。是以壽星七度爲十月朔。

順帝永和三年戊寅，西十二月廿二日，子正前四時，日躔析木九度十五分。據此初一日是大火八度，當是十一月，非十二月。

順帝陽嘉二年癸酉，西五月十七十八日，太陽在大梁二十三度。據此五月朔大梁七度。

按：自漢順帝永建丁卯，爲總積四千八百四十年，至明萬曆十二年甲申，爲總積六千二百九十七年，相距一千四百五十七年，相差十二三度，即歲差之行也。

漢時月朔，俱在各宮之七八度間。萬曆間月朔，俱在各宮之十八九度，或廿一二度。據此論之，則西曆太陽年用恒星有定度，其恒星節氣雖從歲差西行，而每月之日次則以太陽到恒星某度爲定，千古不變也。想西古曆法，只是候中星，每年某星到正中，即是某月。

又按此法，於歲差之理甚明，但欲敬授民時，則不如用節氣爲妥。《天經或問》欲以冬至日爲第一月第一日，可以免閏，又可授時，謂本於方無可先生，然沈氏《筆談》已先有其説矣。

今查瞻禮單：

康熙丁卯年正月十八丁酉日亥宫十度二十六分	應西曆三月初一日危十一度二三
二月二十戊辰日戌宫十一度十三分	應西曆四月初一日壁六度二三
三月二十戊戌日酉宫十度二十九分	應西曆五月初一日婁十度五三
四月廿二己巳日申十一度十五分	應西曆六月初一日畢六度九分
五月廿二己亥日未八度四十九分	應西曆七月初一日井七度五一
六月廿四庚午日午八度二十一分	應西曆八月初一日柳二度二二
七月廿五辛丑日巳八度一十分	應西曆九月初一日張六度四八
八月廿五辛未日辰七度三十〇分	應西曆十月初一日軫一度〇四
九月廿七壬寅日卯八度二十二分	應西曆十一月初一日亢八度一八
十月廿七壬申日寅八度四二	應西曆十二月初一日心五度一八
十一月廿八癸卯日丑十度二十分	應西曆正月初一日斗四度二六
十二月三十甲戌日子十一度五十六分	應西曆二月初一日女四度三〇

據此，則西國曆日是以建子之月爲正月也。其法不論太陰之晦朔，只以太陽爲主。然又不論節氣，但以太陽到斗宿四度，爲正月一日耳。

又其數與《新法曆書》所載不同，豈彼國亦有改憲耶？

按：西曆以午正紀日，則已上宿度宜各加三十分。依此推之，歐羅巴之正月一日，在斗宿五度。《新法曆書》萬曆二十三年乙未，西正月三十日，太陽在玄枵廿一度，於時日行盈曆，逆推初一日是星紀廿一度。以歲差考之，萬曆乙未至今丁卯，距九十二年，計差一度半弱。其時星紀廿一度，是斗十四度。

二法相較差十度，必是改憲，抑彼有多國，各一其法耶？

又按：今之斗四度是星紀十度，逆推前此六百六十餘年則正是冬至日太陽所躔之度也。當此北宋之初，瞻禮單必是此時所定。

若《曆書》所載斗十四度，則又在其前六百六十年，距今丁卯共有一千三百二十餘年，當在漢時。蓋其時冬至日躔斗十四度，故以爲歲首。意者《曆書》所載，故是古法，而瞻禮單所定，乃是新率耶。由是觀之，則耶蘇新教之起必不大遠。

又按：西法以白羊宮初度爲測算之端，而紀月又首磨羯，何耶？曰：測算論節氣，是以太陽之緯度爲主，紀月論恒星，是以太陽之經度爲主故也。

西國三十雜星考

回回曆書，有三十雜星。錢塘袁惠子考其經緯，係以中法星名，但所考尚缺第三、第四、第五、第十三、第十四、第廿四、第廿五、第廿九。壬申秋，晤於京師，則皆補完。余問其何本，則皆自揣摩而得，非三和授也。又以余言，改定巨蟹爲積尸氣，缺椀爲貫索。

薛儀甫《曆學會通》亦有三十雜星之考，亦有缺星名者。今余所考，則以回曆星名同者爲證，似比兩公爲有根本也。又查恒星出没表四十五大星内，星名同者二十一。

人坐椅子諸像，非西洋六十像之像。如貫索，在回回曆爲缺椀，在西洋則爲冕旒，即此見西占之本出回回也。

第五作觜宿南星，性情既合，又與參宿同象。而《曆書》言遠鏡測之，有三十六星，則爲氣類，宜爲雜星所收。今從袁説。

查回回凌犯表，有天關及昴宿，性情雖同，星名不合。若如袁説，則兩星性情皆係金土，亦未可爲確據，不如缺之。

考定三十雜星

戊午年距曆元戊辰五十一年加星行四十三分二十秒

	性	緯 度	緯 分	經 度	經 分	宮	名	譯	向	等
一	金土	五一	一五	○○	四二	金牛	人坐椅子象上第十二星	王良第一星 黃本同	北	三
二	火凶	○五	五一	○五	一九	陰陽	金牛象上第一十四星	畢宿大星 黃本同 薛本同	南	一
三	水火凶 薛作木火					金牛	人提猩猩頭象上第十二星	袁作積尸 五	北	二
四	水火凶					金牛	人提猩猩頭象上第七星	袁作積水 三	北	二
五	水火凶 薛本作第六			一八	五三	陰陽	人拿拄杖象上第一星	觜宿南星 袁作觜宿 小	南	六
六	水火凶 薛作水土	一六	○六	二四	一八	陰陽	人拿拄杖象上第四星	參宿第四星 薛本同但其序移爲第七	南	一
七	土木	二三	三八	一七	五七	陰陽	人拿拄杖象上第五星	參宿第一星 薛作第五 黃作參七	南	二
八	木土	二五	二二	二○	一三	陰陽	人拿拄杖象上第廿九星	參宿第三星 黃作參內八增	南	二
九	木土	三一	四一	一二	二三	陰陽	人拿拄杖象上第三十七星	參宿第七星 薛本同	南	一
十	水火	二二	五二	一七	二二	陰陽	人拿馬牽胸象上第三星	五車第二星 黃本同 薛本同	北	一

十一	水火	二二　一八	二五陰　六八陽	人拿馬牽胸象上第四星	五車第三星黄本同	北	二
十二	水微兼火	三三　九〇	〇四巨　九二蟹	大犬象上第一星	天狼星黄本同薛本同	南	一
十三	水微有火	一五　五七	二二巨　一五蟹	小人象上第五星	南河南星袁作南河南	南	一
十四	水	一〇　〇二	一四巨　五七蟹	兩童子並立象上第一星	北河第二星袁作南河北	北	二
十五	火	〇三　六八	一四巨　八九蟹	兩童子並立象上第六星	北河第三星黄本同	北	二
十六	火月凶一作火白	〇一　一四	〇五獅　二三子	大蟹象上第一星	積尸氣星黄作鬼二非	北	六最小
十七	土微有火	〇四　八七	二〇獅　五五子	獅子象上第六星	軒轅十二星黄本同	北	二
十八	火微有凶又云不甚凶	〇二　〇七	二二獅　五三子	獅子象上第八星	軒轅大星黄本同薛亦同	北	一
十九	土金水	一一　二八	一〇雙　七九女	獅子象上第二十七星	五帝座黄本同薛亦同	北	一
二十	水土一作火水	三〇　一三	一四天　九六秤	人呼叫象上第一星	大角星薛本同黄亦同	北	一
廿一	金微有薛本水作火	〇五　一九	一二天　九二秤	婦人有兩翅象第十四星	角宿南星薛本同黄亦同	南	一

廿二	金水	四二 四三	○四天 七五蠍	鈇椀象上第一星	貫索大星 黃作氐一	北	二
廿三	火微有 木凶	○二 四七	○一人 五九馬	蝎子象上第八星	心宿大星 薛本同黃亦同	南	一
廿四	日火凶	一一 三五	二一人 三三馬	蝎子象上第二十星	傳說星 袁作尾宿六	南	六最小
廿五	土水凶 一作火日	○四 ○五	○一磨 七三羯	八彎弓騎馬象上第七星	南斗魁北無名星 袁作斗宿距非建星 南七另有氣星	北	六最小
廿六	金水	六四 一八	一二磨 ○三羯	黿象上第一星	織女星 薛本同黃亦同	北	一
廿七	火木	二二 九二	二七磨 一五羯	飛禽象上第三星	河鼓大星 黃本同	北	二
廿八	土水	二○ 一○	二一寶 九八瓶	寶瓶象上第四十二星	北落師門 黃本同薛亦同	南	一
廿九	金水	五九 五六	○○雙 一○魚	雞象上第五星	天津第四星 袁同	北	二
三十	水火凶	三○ 一八	二四雙 五六魚	大馬象上第三星	室宿北星 黃本同	北	二

今將原書所載列後

	西星名	譯書時所迹宮度	距黃道	等	性	
一	人坐椅子上第十二星	白羊二十度○七分	北	三	金土	
二	金牛象上第十四星	金牛二十四度十分	南	一	火凶	查此星宜作廿四度四十分
三	人提猩猩頭象第十二星	金牛十二度四十分	北	二	水火凶	薛作火木
四	人提猩猩頭象第七星	金牛十七度五十分	北	二	水火凶	
五	人拿拄杖象第一星	陰陽十度	南	六	水火凶	薛本作第六
六	人拿拄杖象第四星	陰陽十五度	南	一	水火凶	薛本作第七又水火作水土
七	人拿拄杖象第五星	陰陽七度五分	南	二	土木	薛本作第五
八	人拿拄杖象上第二十九星	陰陽十度二十分	南	一	木土	
九	人拿拄杖象上第三十七星	陰陽二度二分	南	一	木土	
十	人拿馬牽胸象上第三星	陰陽八度	北	一	水火	

十一	人拿馬牽胸象上第四星	陰陽	十五度五十分	北	二	水火	
十二	大犬象上第一星	巨蟹	初度四十分	南	一	木微兼火	
十三	小犬象上第二星	巨蟹	十二度十分	南	一	水微有火	
十四	兩童子並立象上第一星	巨蟹	六度二十分	北	二	水	
十五	兩童子並立象上第二星	巨蟹	九度四十分	北	二	火	
十六	大蟹象上第一星	巨蟹	廿三度二十分	北	六	火月凶	
十七	師子象上第六星	獅子	十五度十分	北	二	土微有火凶	
十八	師子象上第八星	獅子	十六度十分	北	一	火微有木凶	又云不甚凶
十九	師子象上第廿七星	雙女	七度三十分	北	一	土金	
二十	人呼吽象上第一星	天秤	十度	北	一	水土	
廿一	婦人有兩翅象第十四星	天秤	九度四十分	南	一	金微有水	薛本作金微有火

廿二	欽梳象上第一星	天秤廿七度四十分	北	二	金水		
廿三	蝎子象上第八星	天蝎廿五度四十分	南	二	火微有木凶		
廿四	蝎子象上第二十星	人馬十四度十分	南	六	日火凶		
廿五	人彎弓騎馬象第七星	人馬廿八度十分	北	六	土水凶		
廿六	迺象第一星	磨蝎初度廿分	北	一	金水		
廿七	飛禽象第三星	磨蝎十六度五十分	北	二	水木	薛本作火木	
廿八	寶瓶象上第四十二星	寶瓶二十度	南	一	土木		
廿九	雙象上第五星	寶瓶廿二度十分	北	二	金水		
三十	大馬象上第三星	雙魚十五度十分	北	二	水火凶		

原書云：已上星度，是三百九十二年前之數，其星皆東行，一年行五十四秒，十年行九分，六十六年行一度，觀者依此推之終。

梅文鼎全集

中西算學通

中西算學通　目録

梅定九《中西算學通》叙

吾友宣城梅定九以經義聞江以南，而獨好曆象算數之學，孜孜焉以爲寢食。每出游，行笈中必有人不經見之書與手製測驗器。顧猶搜訪不倦，殘編隻字，不惜重購，或手抄以去，蓋二十年如一日也，其專篤如此。余嘗以古聖人言道必本於天，言理必徵於數，舍數言理，必爲虛理。故數雖六藝之一，乃制禮作樂所必需，射、御與書，無一不有數。數之爲學，聖賢窮理格物之實際，儒者所當知。嘗有志學焉，而輒苦其難。定九告余曰：『不專其事，不啟其扃，則讀易書難，否則讀難書易。易與難，在人而已。且夫爲學而不辭其繁且難，乃所以爲易簡也。』於是稍出其所著算學書，面相指授。晝漏未數刻，已了乘除大意，進而開平方、立方、帶縱諸法，卒業數日，瞭如指掌，乃信定九之言不我欺也。今之好古力學者不乏也，語及算數則頭涔涔欲卧，未嘗不有志學焉，而深畏其難如余者衆矣。然則定九之書，其可以不讀矣乎？因取而授諸梓，以廣其傳。其綱二：曰古法，曰西法。其目九：曰《籌算》，曰《筆算》，曰《度算》，曰《比例算》，曰《幾何摘要》，曰《三角法》，曰《方程論》，曰《勾股測量》，曰《九數存古》，總曰《中西算學通》。定九之言曰：『讀吾之書者，一日有一日之獲，數年有數年之獲，甚或一口之獲可以勝數年。』又曰：『學者患不專，專矣患不恒。始學患其無得也，既學又患其自以爲得。夫人日遊於理數之中，而夢夢然無所知，甚不可也。乃少有知而堅其自是，其弊尤甚於不知。』噫！此可以知定九矣。定九又嘗病世之言曆者，或膠執古法，駭西法爲異説；而尊西教者，又自私其術，鄙古人爲不足學。故自漢《太初》以來七十餘家曆，皆爲論列其立法之大旨，與其久而必改，亦不久決不能改之故，及古今雖代改憲，而實爲踵事增華，有必不能改者在。爲《曆學通考》一書，以補馬貴與《文獻通考》之缺，以詳邢觀察《古今律曆考》之所未備。其説曰：『世愈降而愈精者惟曆，而自羲和以來數千年共治一事者亦惟曆。』即此見先聖後聖一揆，此心此理之不以東海西海而異，夫何故天不變道不變也。蓋古今言曆，未有詳確於此書者。寧都魏叔子爲之序，將續出以告世，而卷帙多，今未能也。然天下之大，固多深思好學其人，其無有爲之表章者乎？因序算學，並及於此。

康熙庚申石城同學弟蔡璿璣先識

《中西算學通》序

當吾世而言曆算之絶學，通得交者六人：湯子聖弘、薛子儀甫、游子子六、揭子子宣、丘子邦士與梅子定九也。通少嗜象數，初訊《授時》於湯子。已與薛子遊泰西穆先生所，適刊其《天步真原》成，語通，喜而交焉。嗣入都，聞之道未湯先生，始知游子精西曆，獲讀《天經或問》，屢書往復辨難，然猶迄今神交未一見。及省親盱江，而逢揭子，《寫天新語》一書多深湛之思，質測旁徵，剖析無留義。丘子則遇於芝山，覽所衍倚數引伸圖，論三晝夜，往往悟合。最後得交梅子，交十五年，而會於金陵者四，方慨聚晤之難，顧以視游子與湯子、薛子、揭子、丘子爲幸焉。梅子探曆學之奥，造器立法，合七十餘家而著爲《曆法通考》。不獨於前人不傳之秘有所發明，能證古今之誤而改正之，而其所以精義入神者，蓋研極於算術日久耳。且夫九數非小學也，載之《周禮》，故凡天地、人身、禮制、樂律、音韵、兵陣、丘賦以及日用器具，莫不前民用焉，是故七十子皆通六藝。六藝以九數爲指歸，格物以數度爲中節。道寓於器，理藏於數。此固聖人之教也。迨目詞章爲才人、聞記爲博物，遂廢置實學，苟非專家深入，徒涉其大綱陳迹，吐之爲言，筆之爲文，則似乎平子、冲之、一行、康節合爲一人，及舉一端而求其故，即無以應。嗟乎！實學之失，患在才人不講，更患在博物君子標其大綱陳迹，而不窮其所以然，令周公、商高之法不盡傳於今，中學隱而西學彰。梅子二十年殫力苦心而成《中西算學通》者，深有感於此耳。吁！學者固當如是乎。通嘗侍先君子欒廬合山衍《易》，教以一切徵諸河洛。通因悟九數皆勾股，勾股出於河圖，加減乘除出於洛書，諸算無非方圓參兩所生，謬爲《數度衍》二十五卷。學淺力薄，棄之高閣，業有年所。今讀梅子之書，而通書益可終棄矣。夫今人學古人爲文章，初苦於不似，後苦於不化。其於實學，寧有異乎！始期能因，繼期能創。梅子《籌算》易直爲横，《筆算》易横爲直，非以因爲創乎？悟尺算即勾股，爲别立《度算》，明方程之和較，而九章復舊，非以創爲因乎？曰《比例》，曰《三角》，曰《幾何摘要》，曰《勾股測量》，亦曰即因即創耳。而以《九數存古》終篇，又何其退讓，不欲以創自居耶！蔡子璣先留心實學，爲刻《籌算》，其八種將次第成之。梅子書至，屬通爲序。通不敏，雖受先人遺教，象數微有所窺，顧瞻梅子，愧莫企及，而不能不深有望於梅子諸書之流通，使方内實學之士群聚而講明之，以不負此午會。惜夫諸子强半遊先君門，當時未遇一堂，以窮斯學。今者丘子已逝，游子天南，薛子山左，揭子江右，各數千里，湯子亦數百里，通與梅子相去亦復不近。齒日以增，離合不可必，實學既難其人，有其人有其書，而又必俟之知己之力。嗚乎！刻梅子之書者，獨梅子感之已哉？雖然，天下後世之學者，集諸子之書而會觀焉，不可謂非一時之盛也。

桐城世小弟方中通拜手書於南畝之隨廬

《中西算學通》凡例目録

中者，中國之法也。自隸首作算數，《周禮·大司徒》以六藝教萬民而賓興之，一曰九數。此算學之祖也。

西者，泰西法也。自隋開皇中，西域阿剌必年西學始入中國。唐史《九執曆》不用籌策，唯以筆書，其進位則作點。此西學之祖也。

算學者，質言之也。論數之原，出於河圖洛書。極其所用，則以仰觀星文，敬授民時。大而體國經野，平水土，制禮樂，協律吕，和陰陽，籌兵食，庀材用，天道人事備其中。而質言之，則算數而已。世之言數者，或緣飾浮説以相誇詡，而非其質也。儒者之言曰：精義入神，不離灑掃應對。余所竊比，則古之算學云爾。

通者何也？聖作明述，我不敢知，夫亦曰兩家之書具在，姑爲之通其説焉已耳。其通者，吾通之；其不可通者，固不敢强爲之説。蓋余之所通如是而已。

通之説又有二：言理略數，是冒理也；言數昧理，是淺數也。通焉而理在數中，使言理者不能遁於虚無，言數者亦不敢相矜以穿鑿荒唐，而自神其説，此理數之通也。今之言數者，中西兩家而已。譬之字音，一善爲反法，一善爲切脚，其所得之音一也。或執其一説，而廢其一説，是不學之過也。通焉，而尊古者知西法雖爲新創，初不謬於古人，而其三角八綫諸法，實補古法之遺；尊西者亦知古人之法或傳久多誤，原其立法之初，決不遜於西學，而如盈朒、方程，實亦西法所未有。二者可相資，不可偏廢。此中西之通也。爲書凡九，具詳後方。

第一書曰《籌算》。《籌算》之目七：曰乘除，曰平方，曰立方，曰帶縱平方，曰帶縱立方，曰開方捷法，曰開方分秒。乘除，算之總也，消息也，盈虚也，終始也，往復也。故邵子曰：『算法雖多，不過一乘除而已。』然古傳珠算，有上、退、歸、因、乘、除、加、减八法，皆有歌括，習學頗難。今籌算惟一乘一除，不須歌括，其用甚便，學之甚易，一也；又不用珠盤而存諸片楮，可以覆核，與諸酬應不相妨廢，二也；布算之具，雜諸筆墨之間，頗爲雅稱，最宜於文人騷客，三也。原其初製，以直籌横寫，蓋西土書用旁行故耳。余則易以横籌直寫，既於中土筆墨爲便，而立法加詳，爲用加捷。如帶縱諸法，皆原法所缺，而定位一端，尤爲盡善。初學得此，可以數日曉了，而由此悟入，鈎深索隱無難。故以此爲第一書。此書凡三易稿，其最後相與質疑送難，且代爲謄清以成其書，則山陰何子五園、江寧佘子公沛之力居多云。

第二書曰《筆算》。筆算者，不用籌，以備偶然之用。原法横書，余亦易之以直，與《籌算》互相發明。其目六：曰加，曰减，曰乘，曰除，曰異乘同除，曰開方。大約詳於《籌算》者，皆不複出。或各存一則，舉例而已。然加减二法，實《籌算》所資，而異乘同除爲算家大法，不可不知也異乘同除，西法謂之三率。

筆算之别有二：曰古法，曰回回法。

古法謂之鋪地錦，用之以乘，最爲妥當。雖甚棼雜，可無謬誤，不可廢也。古亦有寫除，然不如鋪地錦之妙，今亦具一則。

回回法謂之土盤，乃西域大師馬沙亦赫、馬哈麻法也。洪武中，曾命史官吴宗伯、李翀譯其書，余蓋從友人馬德稱得其説。其法以沙代紙，以竹或鐵書之，非筆也，然彼亦謂之爲筆，故附於筆算。

筆算之附又有二：曰江西法，曰桐城法。江西者，朱三爲、王若先法；桐城者，方位伯法也位伯著《數度衍》廿五卷，余惟見《筆算》，亦大官一臠也。

第三書曰《度算》。度算，即尺算也，以兩尺爲樞而開闔之。其目十：曰平分綫，曰分面綫，曰分體綫，曰更面綫，曰更體綫，曰分圓綫，曰正弦綫，曰割綫，曰切綫，曰五金綫。十綫具，則一尺而有十尺之用。凡乘除、平方、立方諸法，一瞬即得，無捉籌運筆之勞，視前兩者尤爲靈妙。而測圓八綫及諸製器之法，皆可坐致。方位伯云『《九章》皆出於勾股』，蓋以此也。舊傳《比例規解》，語焉不詳，又特多譌舛，其説雖具，其數則非，學者茫無津涯。今一一爲之訂證，以發其例。又以正弦綫附於分圓，而別立節氣綫、圓徑綫，似尤妥確。

度算之別爲矩算。矩算者，余之創製也。其法以板或銅，如造矩度法，細分縱横之綫，爲綱目形。以一角爲極，自極出諸綫，如規尺。但尺之法以三角，矩之法以勾股。用三角故以兩髀開闔，今用勾股，則徑取一綫爲用。以視造尺，工力可省太半，又無立樞欹側之患，誠算家之奇器也。

第四書曰《比例算》。比例算者，泰西穆尼閣先生遺法，而青州薛儀甫所更定也。其目三：曰比例，曰四綫比例，曰四綫新比例。前二尼閣法，後一儀甫新法，皆以列表爲用。臨算不用籌尺，以加減代乘除，對數即得，法之奇也。算家自三乘四乘以上，最爲繁雜。今用此法，開卷瞭然，殆非思議所及。

第五書曰《幾何摘要》。幾何之目三：曰綫，曰面，曰體。舊有《幾何原本》一書，爲卷甚賾，讀者苦之。《崇禎曆書》摘爲《要法》，又頗不盡。今斟酌於二者之間，以爲詳略云。

第六書曰《三角法》。三角中函兩勾股，然勾股不能御三角，而三角能御勾股。此西法之最精，殊非古人所及。其目有二：曰平三角，曰弧三角。測算之學，至於弧三角，至矣盡矣，乃曆家之所賴也。

第七書曰《方程論》。其目六：曰正名，曰極數，曰致用，曰刊誤，曰測量，曰雜法。數有九，約之唯二：方田、少廣、商功、勾股，皆量法也；粟布、差分、均輸、盈朒、方程，皆算法也。算法之妙，極於方程；量法之妙，極於勾股。故諸章量法，皆可以勾股御之，而他章之法不可以治勾股；諸章算法，皆可以方程算之，而他章之法不可以求方程。自世所傳方程多誤，不能盡《九章》之用。因特論之，使九數缺而復完，亦使學者知中土舊法，固有非西法之所能兼者。想見古人立法之深遠，令人興起。故特爲一書。

第八書曰《勾股測量》。測量之法，至三角八綫盡矣。然古法之精妙，自不可廢。如《測圓海鏡》之法，即八綫之所自生也。其目三：曰測高，曰測深，曰測遠，皆用表。

測量之別有六：曰矩度，曰矩尺，曰象限儀，曰鏡測，曰笠測，曰扇測。

第九書曰《九數存古》。其目九：曰方田，曰粟布，曰差分，曰少廣，曰均輸，曰商功，曰盈不足，曰方程，曰勾股。九數即九章也。九章之精者勾股、方程，既別爲二書精論之矣，而復爲此者，何居？曰存古也。存古奈何？曰古法不可廢也。蓋古人之可見者，僅此而已，其忍廢乎？此余之意也，故以是終。

余輯《古今曆法通考》，算學宜附其中，而今別出，何也？曰爲之兆也。且自曆言之，則數之最精與其用之最大唯曆。而數之用不盡於曆也，猶之道原於天，而道不盡於天也。天以内人倫日用，無往非道，無往非天，故學天者自人倫日用始，學曆者自算數始。自國家之屢省考成，任土制賦，明禮和樂，授功均食，覈餉籌邊，完堅濬深，制器修備，水利農田，禦灾救患，以及民間之質劑交易，皆資算數，固須臾不可離者。余之不以算學附曆書，而別爲《中西算學通》，其旨如此。

以上九種之書，皆本古法，參以獨見。分而觀之，各極旨趣所存；合而言之，具見源流之貫。余之從事於□□二十年，不敢謂已盡其理。嘗欲請正有道而力不□。友人蔡璣先曰：『此窮理格物者所必須也。』遂取而付剞劂，以質高明。

宣城梅文鼎謹識

書《算學通》後

古人學成游藝，蓋體立而求其用也。後世理學不明，而虚無之説起。黄老流爲方伎矣，梵竺流爲機鋒矣，經史流爲時藝矣。執方伎、機鋒以求二氏，二氏任受過；執時藝以求聖賢，聖賢肯任受功乎？方今言儒之家，於禮、樂、書三者多茫然弗知，至射、御則又夷然弗屑。數云乎哉？宛陵梅定九先生淹貫經史，文章妙天下，旁獵天官曆律諸學，凡五十三變。中如黄鐘之所以九九，大衍之所以五十，晷影之所以尺丈，靡不導窾綮而登堂奥。籌算、尺算、筆算，酌日月於開方，範水土於勾股，箋解告世，使家喻而户曉。其義行將功贊羲和，不在沈、郭諸公後矣。璣先蔡子方從事理學正傳，而忽梓算學一書，是亦唐人算學科之意也夫！

庚申夏五瀨上陳周二遊氏書於秦淮遊舫

梅文鼎全集

勿庵曆算書目

勿庵曆算書目　目録

《勿庵曆算書目》自序

家世學《易》，亦頗旁及於諸家雜占及三式諸術，以爲皆太卜、筮人遺意，而《易》之餘也。然百氏言休咎，往往依托象緯以尊其旨，故惟詳徵之推步實理，其疑始斷。余之從事曆學也餘四十年，性好苦思，時有所通於積疑之後，著撰遂復多種。將欲悉出其書就正當世，而未之能也。稍爲臚列書名，各繫數語，發揮撰述本旨，庶以質諸同好，共明兹事云爾。

康熙四十有一年歲在玄黓敦牂勿庵老人梅文鼎識於坐吉山中時年七十

勿庵曆算書目

宣城梅文鼎定九撰，孫穀成玉汝校正

《曆學駢枝》二卷已刻

順治辛丑，鼎始從同里倪竹冠先生受《交食通軌》，歸與文鼐、文鼏兩弟習之，稍稍發明其所以立法之故，併爲訂其訛誤、補其遺缺，得書二卷。以質倪師，頗爲之首肯，自此遂益有學曆之志是書少參三韓金鐵山先生刻於保定。

《元史曆經補註》二卷

因讀《交食通軌》及臺官氣朔章，竊疑其非全書也。續得家誕生先生所藏二十一史，讀之始知許文正衡、郭若思守敬諸公測驗之精、製器之巧，嘆《授時曆》法之善。但《曆經》簡古，作史者又缺載立成，初學難通，因稍爲圖註，以發其意。

《古今曆法通考》有魏叔子、費燕峰二序

《授時曆》集古法之大成，自改正七事、創法五端外，大率多因古術。故不讀耶律文正之《庚午元曆》，不知《授時》之五星；不讀《統天曆》，不知《授時》之歲實消長；不考王朴之《欽天曆》，不知斜升正降之理；不考《宣明曆》，不知氣、刻、時三差。非一行之《大衍曆》，無以知歲自爲歲、天自爲天；非淳風之《麟德曆》，不能用定朔；非何承天、祖冲之、劉焯諸曆，無以知歲差；非張子信，無以知交道表裏、日行盈縮；非姜岌，不知以月蝕檢日躔；非劉洪之《乾象曆》，不知月行遲疾。然非洛下閎、謝姓等肇啓其端，雖有善悟之人，無自而生其智矣。間嘗於古曆七十餘家，詳爲參校，竊睹古人之用心勤也。或矜新得，而蔑棄前聞，夫亦未之考矣。

往讀馬貴與《文獻通考》，於天文五行備矣，顧獨無曆法，故作此以補其缺。無何從亡友黄俞邰太史虞稷借讀邢觀察雲路《古今律曆考》，驚其卷帙之多。然細考之，則於古法殊略，所疏《授時》法意，亦多未得其旨。則愚之一得，似尚可存。

邢氏書但知有《授時》，而姑援經史以張其説，古曆之源流得失未能明也，無論西術矣。鼎此書蓋兼古術、西術，考其同異，而求端於天，不敢以己見少爲軒輊。

古曆之踵事增華、屢變益密，人多知之，而愚考西曆亦非一種也。故在唐則有《九執曆》，爲西法之權輿。其後有婆羅門《十一曜經》及《都聿利斯經》，皆《九執》之屬也。在元則有札馬魯丁《西域萬年曆》。在明則有馬沙亦黑、馬哈麻之《回回曆》以算凌犯，與《大統》同用者三百年。修回曆者則有陳星川壤，增天地人三元，而袁了凡黄本之爲《曆法新書》。唐荆川太史順之亦深明西域之法，而加之以論説；周雲淵處士述學因之爲《曆宗通議》《曆宗中經》。雷氏宗又有《合璧連珠曆法》。以上數種，皆會通《回曆》以入《授時》，而並在大西洋書未出之前，乃西域之舊法也。

自利西泰瑪竇來賓，著《天學初函》，至崇禎朝，上海相徐文定公同西士湯道未若望等譯《崇禎曆書》百餘卷，本朝《時憲曆》用之，則西術之一變，故曰西洋新法也。雖同曰西洋新法，而湯氏所譯多本地谷，與利氏之説亦多不同。又有西士穆尼閣著《天步真原》，與《曆書》規模又復大異。青州薛儀甫鳳祚本之爲《天學會通》，又新灋中之新灋矣。通《曆書》之理而自闢門庭，則有吴江王寅旭錫闡，其立議有精到之處，可謂後來居上。又廣昌揭子宣暄著《寫天新語》，桐城方位伯中通與相質難，著《揭方問答》，並多西書之所未發。而監正南敦伯懷仁《儀象志》《康熙永年曆》與《曆書》亦微有出入。總而計之，約有九家。前五家《九執》一，《萬年》二，《回曆》三，陳、袁四，唐、周五皆西之舊法，即《回回曆》也；後四家利、湯、南共一，穆、薛二，寅旭三，揭、方四皆西之新法，即歐邏巴曆也。析而言之，利與湯，湯與南，亦各不同，愚故曰西法原非一種，亦以踵事益精，非深讀其書，亦不能知其故矣。

《曆法新書》亦載古曆，不過寥寥數語。《曆宗通議》僅録史志，靡所闡發，以絜邢書，亦魯衛之政也。蓋曆家有法無論，理隱數中，自非專家，罕能究悉。惟《曆書》理數兼推，頗稱發覆，而枝柯繁衍，約舉斯難，集腋成裘，不無參錯。自外文人間有涉筆，或美言可市，而實測無徵，崇議堪驚，而運籌鮮叶。去數譚理，聚訟徒紛，舉一廢多，抑揚失實，又奚當矣？鼎之爲此，既不敢附和偏辭，亦不敢任情立異。兼采旁蒐，詳探淺説。生平矢願，欲使幽微之旨，較若列眉；寥廓之觀，近陳几案。往往直言其立法之所以然，庶以管蠡之見，與天下學者共見共知。而學與年遷，前之所疑，或爲今之所信。稿經數易，點竄衡從，擬分短帙，以便省覽，庶望高識爲之是正也原分五十八卷，今卷數未定。

《春秋以來冬至考》一卷

曆元竝起冬至，自《春秋》書南至，而《左氏傳》有登觀臺、書雲物之禮。《周禮》言：『日至之景，尺有五寸。』遂爲曆家測景之權輿。然候景甚難，史書中所據測景之真者，可數而知也。《授時》列六曆，以考古今之冬至。合於古者，或戾於今；合於今者，又差於古。其後天也，或差至一二日，惟《統天曆》有古大今小之算，以合前代所用之率，而《授時》因之。顧《曆議》欲尊《授時》，遂取魯獻公冬至，以證《統天》之疏。兹爲各依本率步算，則雖上推至魯獻，未嘗違《統天》法也。郭太史歲實消長，不在創法五端之内，意可知矣按：太史自有《曆議擬稿》，不知作史者何以不收，而用李謙之《議》。

《寧國府志分野稿》一卷已刻《志》中

分野之説，本於《周禮》，其來舊矣。史書所載分野之法，初非一説。如論宿、論宫既各不同，而諸家曆法分宫又别，且時日枝幹亦各占其國，而北斗、五車、天市及女宿下十二國星，及五星之熒惑、列舍之鳥衡竝占南國之類，具載《天官書》。乃占家但據一端爲説，宜其疏矣。康熙癸丑，奉同侍講施愚山先生纂修郡乘，諸友人咸以此項見屬。因具録歷代宿度分宫之同異，及各種分野之法，皆以諸史爲徵，雖一郡之專書，實馮相之公法也。

《宣城縣志分野稿》一卷已刻《志》中

大體同《府志》。

《曆志贅言》一卷

康熙戊午，愚山侍講欲偕余入都，不果行。次年己未，愚山奉命纂修《明史》，寄書相訊，欲余爲《曆志》屬稿。而余方應臬臺金長真先生之召，授經官署，因作此寄之。大意言明用《大統》，實即《授時》，宜於《元史》闕載之事詳之，以補其未備。又《回回曆》承用三百年，法宜備書。又鄭世子《曆學》已經進呈，亦宜詳述。他如袁黄之《曆法新書》，唐順之、周述學之會通回曆，以《庚午元曆》之例例之，皆得附録。其西洋曆方今現行，然崇禎朝徐、李諸公測驗改憲之功不可没也，亦宜備載緣起，蓋《曆志》大綱略盡於此。一二年後，擔簦入都，承史局諸公以《曆志》見商，始見湯潛庵先生所裁定吴志伊之稿，大意多與鼎同，然不知其曾見余所寄愚山《贅言》與否。亦承潛庵公屢次寄訊相招，而未及褰裳，比入都，則作古久矣，爲之慨然。

《江南通志分野擬稿》一卷

康熙甲子，制府于公檄修《通志》，鼎以事辭未往。皖江太史陳默公先生焯專函致書，以《江南分野稿》見商。介家叔瞿山清督促至再，余方病瘧小愈，力疾爲之删潤，頗費經營。無何，默翁亦辭志局矣。聊存兹稿，以俟方來著述者或取衷焉，亦以志知己之感云爾。

《明史曆志擬稿》三卷有先鐲齋序

《明史曆志》屬稿者，簡討錢唐吴志伊任臣；總裁者，中丞湯潛庵先生斌也。潛庵殁後，史事總屬崑山，志稿經嘉禾徐敬可善、北平劉繼莊獻廷、毘陵楊道聲文言諸君子各有增定，最後以屬山陰黄梨洲先生宗羲。歲己巳，鼎在都門，崑山以《志稿》見屬，謹摘訛舛五十餘處，粘籤俟酌，欲候黄處稿本到齊屬筆，而崑山謝事矣。無何，梨洲季子主一百家從余問曆法，乃知鼎前所摘商者，即黄稿也。於是主一方受局中諸位之請，而以《授時》表缺，商之於余，余出所攜《曆草》《通軌》補之。然寫本多誤，皆手自步算，凡篝燈不寢者兩月，始知此事之不易也。

《曆志擬稿》雖爲《大統》而作，實以闡明《授時》之奥，補《元史》之缺略也。其總目凡三：曰法原，曰立成，曰推步。而法原之目凡七：曰句股測望，曰弧矢割員，曰黄赤道差，曰黄赤道内外度，曰白道交周，曰日月五星平立定三差，曰里差刻漏。立成之目凡四：曰太陽盈縮，曰太陰遲疾，曰晝夜刻，曰五星盈縮。推步之目凡六：曰氣朔，曰日躔，曰月離，曰中星，曰交食，曰五星。

《郭太史曆草補註》二卷

據《元史》本傳，郭太史守敬著撰極富，竝藏於官。厥後疇人子弟皆以元統之《通軌》入算，逐末忘源，郭書存亡不可得而問，所僅存者《曆草》一書而已。其書有算例、有圖、有立成，《曆經》立法之根多在其中。而深諳者希，傳寫多誤，因稍爲訂正，而於義之精微者，特爲拈出，庶俾學者知其所以然，而法非徒設矣。

《授時》測渾員之法，從二至起算以至二分，與西術起二分以至二至者不同。要其剖析渾體，於無句股中尋出句股，則無二理也，於此而益知此理之同。鼎註《曆草》，或引八綫三角以明之，蓋謂此耳。

《庚午元曆考》一卷

據史，元太祖以己卯親征西域諸國。次年庚辰夏五月，駐蹕也石的石河。有西域人與耶律文正王楚材爭月蝕，而西説並詘，故耶律作曆，托始是年也。又以太祖庚午始絶金，次年伐之，不五年，天下略定，故推演上元庚午冬至朔旦，七曜齊元，爲受命之符，謂之《西征庚午元曆》。西征者，謂太祖庚辰也；庚午元者，上元起算之端也。今《曆志》訛太祖庚辰爲太宗，則太宗無庚辰也太宗在位共十有三年，起己丑，畢辛丑。又訛上元爲庚子，則於積年不合也據演紀，積年二千二十七萬五千二百七十算外得庚辰，則起算必庚午。故特考而正之。

元之曆法，實始耶律，故《庚午元曆》之法，《授時》多本而用之。《崇禎曆書》乃謂《授時》陰用《回回》，非也。

《大統曆立成註》二卷

有布立成之法，有考立成之法。不得其説，則有以傳寫魯魚，而施之步算者矣。鼎故於曆家用數，必慎思之，思之不得，不敢妄用也。

據史，立成之算皆太史令王公恂卒後，經郭公之手而後成書。今監本只載王名，蓋不敢以終事之勤，没人創始之美。古人讓善之義，令人起敬也。

《寫算步曆式》一卷

友人潘錫疇天成從余學曆，而苦於布算，故作此授之，殊便初學。

《授時步交食式》一卷

季弟爾素有累年算稿，録存之以存舊法。

《步五星式》六卷

初學曆時，未有《五星通軌》，無從入算。因取《元史曆經》，以三差法布爲五星盈縮立成，然後算之，蓋與仲弟和仲文鼐共成之也。和仲於此事甚勤，能助予，惜早卒。其後十餘年乃得《通軌》，校之頗合，恨仲弟未之見。至於立成謄清，從弟懷叔瑾與有勞焉，而亦久爲古人矣。

《答李祠部問曆》一卷

禮部郎中李古愚先生諱焕斗，豫章人也。從余問《皇極經世》，遂及曆法。余有行笥中邢觀察《律曆考》，書凡三尺，先生皆手自抄畢。稍有所疑，必手書致問，故往復甚多。今存數稿，其實不止於是也。既而余去天津，先生亦擢陜邊道缺以去。每思其勤學好問之誠，有經生家所不能逮者，猶依依如昨日。

《回回曆補註》三卷

《回回曆法》刻於貝琳，然其布立成以太陰年，而取距算以太陽年，巧藏根數，雖其子孫隸籍臺官者，亦不能言其故也。唐荆川順之論回曆之語，載王宇泰肯堂《筆塵》中，頗有發明，殊勝《曆宗通議》。或反謂荆川曆學得之雲淵者，非定論也。若天、地、人三元積年，則陳星川壤之法，非西域本色。然回曆即西法之舊率，泰西本回曆而加精焉耳。故惟深知回曆，而後知泰西之學有根源；亦惟深知回曆，而後知

《授時》之未嘗陰用其法也。

《西域天文書補註》二卷

此書與《回回曆》經緯度及其算法共四卷，竝洪武時翰林吴伯宗、李翀受詔與回回大師馬沙亦赫、馬哈麻同譯，而天順時欽天監正貝琳所刻也。余嘗於友人馬德稱儒驥處見其全書，蓋今泰西《天文實用》又本此書而加新意也。不知者或謂此即《天文實用》，而反謂回回之冒竊其書，豈不陋哉！書首小序曰：『此書亦有不驗之時，不可以其不驗而遂廢此理。』其言類有道者，非術數家所能及也。

《三十雜星考》一卷

西域天文中有雜星三十之占，然未譯中土星名。余嘗以歲差度考之，得其二十餘。後見錢塘友人袁惠子士龍及青州薛儀甫鳳祚《氣化遷流》竝有斯考，不謀而同者十之七八。余則以巨蠏第一星證之回曆刻本，似尤確也。

《四省表景立成》一卷

表景生於日軌之高下，而日軌又因於里差，獨四省者，陝西、河南、北直、江南也。今回回所在，多禮拜之寺，不知何以只有此四處表景之傳，或當初只此四處耶？然其中亦有傳訛之處。庚申歲，余養痾白下，西域友人馬德稱儒驤以此致詢，遂爲訂定，并附用法，以補其缺。

《周髀算經補註》一卷

周髀即蓋天也，自漢人伸渾天而絀蓋天，書遂不傳。今惟有《周髀》一經，又言之不詳。然觀其所言里差之法，謂北極之下以半年爲晝夜，是即西人之説所自出也。因稍稍註之，俾天下疑西説者，知其説之有所自來。

《答劉文學問天象》一卷

劉文學介錫，滄州老儒也，頗留心象數。辛未、壬申，與余同客天津，承有所問，竝據曆法正理告之。

《分天度里》圖註各省直及蒙古各地南北東西之差一卷

自北齊張子信發明交道表裏，爾後曆家類能言里差。今以地員之理徵之，其故益顯。新法用北極高度分地緯南北，用月食早晚分地經東西，故各省直及口外蒙古皆能得其距度。蓋地有南北，故晝夜有長短；地有東西，故加時有後先。若算交食，則兩差竝用，以爲根數，而後虧復時刻、食分多寡可以預知矣。《時憲曆》所載，歲歲頒行，或習而不察，有望洋之嘆。茲爲設一總圖明之，但及於正朔所頒之處，裂渾冪之經緯各二十餘度，其形正平，而地員之理亦在其中矣。

《七政細草補註》三卷

《崇禎曆書》之有細草，以便入算，亦猶《授時曆》之有通軌也。蓋即《七政蒙引》，而有詳略爾。然算者貪其簡便，而全部《曆書》或庋高閣矣。兹以《曆指》大意，櫽括而註之，使用法之意瞭然，亦使學者知其所以然，益有所據，而不致有臨時之誤云爾。

《曆學疑問》三卷已刻，進呈

鼎嚮有《古今曆法通考》，因時時增改，訖無定本。己巳入都，獲侍誨於安溪先生。先生曰：『曆法至本朝大備矣，經生家猶若望洋者，無快論以發其意也。宜略仿元趙友欽《革象新書》體例，作爲簡要之書，俾人人得其門户，則從事者多，此學庶將益顯。』鼎受命唯謹，然自惟固陋，雅不欲直襲諸家所已言，又欲其望而輒解，斟酌於淺深詳略之間，屢涉筆而未果。至辛未夏，移榻於中街寓邸，始克爲之。先生既門庭若水，絶諸醻應，退朝則亟問今日所成何論，有脱稿者，手爲點定。如是數月，得稿三十餘篇，授徒直沽，又陸續成其半。然尚有宜補之篇目及其圖表，擬至山中續完。自癸酉南旋以後，屢奉手書相勉，亡友寧波萬季野斯同亦復寄言諄復。而鄙性特耽探索，恒欲明其所疑，雜撰盈笥，率多未竟之緒。心追筆步，顧彼失此，忽忽數年，未有以應屬。先生視學大名，遂以原稿付之雕版云。

壬午夏，安溪公以撫臣扈蹕行河，進呈此書，欽蒙御筆親加評閲，事具安溪《恭記》中。

《交食蒙求訂補》二卷內已刻日食一卷

《曆書》有《交食蒙求》《七政蒙引》二目，今刻本竝皆逸去。兹以諸家所用細草考其同異，參之《曆指》，而爲是書，以便初學。

《交食細草》原只十六求，厥後復增爲十七求者，蓋所以爲東西異號之用也。日食甚近黄平象限，而或在限東，則有減差，而同於初虧，異於復圓；或在限西，則有加差，而同於復圓，異於初虧。《曆指》於此處語焉不詳，故以十七求補之。不知作者誰氏，要不可謂其無見。但法止復圓，尚缺其半，似爲未定之稿。今依法爲之訂補，始爲完書。

《授時曆》東西南北差竝有反減之用，即東西異號之理，但其法竝以午正爲限。《回回曆》及今西術，則皆以黄道在地平上半周折半取中，謂之九十度限，又曰黄平象限，而不用午正，於理爲親。

然仍有可議者，交食當兼論月道，月道在地平上亦有半周，亦即有九十度限，而不與黄平限同度。太陰既由白道行月道，古謂之九道，《授時曆》謂之白道，則其東西加減之視差，必以白道之九十度限爲中。若但論黄道之九十度限，而不言月道，則諸差皆誤矣新法有時不甚合，蓋由於此。今立一簡法，謂之定交角，則十七求可以不用，而其理尤確。

定交角者，借黄道以求白道也。黄道上兩圈交角，以白黄之交角損益之，即成白道交角。而東西異號之用，亦於此定，故不必更用十七求。捷法：　但視定交角加滿九十度以上成鈍角，即東變爲西，西變爲東。乃置半周度，以此鈍角減之，而用其餘，爲所變異號之交角度。

《交食蒙求附説》二卷已刻一卷

曆法可驗者，莫如交食如晷景之進退、月光之消長、中星之應候、五星之伏見凌犯，隨地隨時皆可測驗。然惟交食則萬目所共睹，尤爲易見，而最難者亦莫如交食凡日躔、月離之法，黄道赤道歲差、里差諸法，至算交食，則無所不備。故言之亦最不易。古曆皆有法無説，惟《曆書》説之甚詳，而義既淵微，文復曼衍，雖治曆疇人能通其説者或已鮮矣。今於《蒙求》各附淺顯之説，使用法者稍知立法根源，庶可以益致其精爾以上二書，竝安溪公刻於保定。

《交食作圖法訂誤》一卷

此有二端。

其一爲分金環於食甚之誤。凡算日食，以兩心正相對一度分時，謂之食甚。假如日食十分，則正相掩見星時是也。若食有金環，太陰黑影侵入太陽，而四面露光，則其時正爲兩心相掩，即食甚也。今乃以金環與食甚分爲二圖，而各具時刻，其誤非小矣圖見楊監正《不得已》書。

其一爲圖日月食不由月心起算之誤。凡月食，以月入闇虚最深時爲食甚。假如月食九分，則惟此刻見食九分，與所算相符，故謂之甚。蓋前此則未及，過此則已退，皆不能滿九分也。法當從月心作距綫至闇虚心，其距綫與月道正如十字，蓋必如是而後食甚度分正居虧、復之間。今所圖距綫，反從闇虚心打十字綫至月心，則食在交後者，虧至甚必稍長，甚至復必稍短，食甚度分不居虧、復之正中，而所圖必後天；食在交前，反此論之，所圖食甚又必先天矣。且如此作圖，則食甚分數不能如所算，安得謂之食甚乎？此姑據所見頒刻月食圖言之，其日食作圖，亦當從月心打十字，其理無二，詳《交食蒙求》。

《求赤道宿度法》原自爲一卷，今收入《蒙求訂補》

古法赤道定而黄道有歲差，故以赤求黄。新法黄道有定緯，惟經度移，而赤道經緯時時改易，故以黄求赤。《交食細草》用《儀象志》八卷、九卷表求之，乃近年之法《儀象志》成於康熙甲寅，非《蒙求》本法。雖便初學，固不如弧三角之爲親切也。因特著之，以明算理。

《交食管見》一卷

中西兩家曆術求交食起虧等方位，皆以東西南北爲言如日食八分以上者，初虧正西，復圓正東。其食八分以下者，陽曆則初虧西南，食甚正南，復圓東南；陰曆則初虧西北，食甚正北，復圓東北。若月食八分以上，則虧正東，而復正西。八分以下者，陽曆則虧於東北，甚於正北，而復於西北；陰曆則虧於東南，甚於正南，而復於西南，事事與日食相反。其法以日月體之中心爲中，而論其方位。故其向北極處命之爲北，向南極處命之爲南，又即以向黄道東陞處命之爲東，向黄道西没處命之爲西。此惟太陽、太陰行至午規，而又近天頂，則東西南北各正其位矣。自非然者，則黄道度既有斜升正降之殊，而自虧至復，經歷時刻展轉遷移，皆從弧度之勢，而頃刻易向。且北極出地有高下，則虧復方位又以日月距地之度，而隨處所見必皆不同。然則月體之東西南北與人所見之東西南北，必不相應人之東西南北，是以人之立處命爲中央；日月之東西南北，是以圓體最中處爲中央，故往往不相合，而何以施諸測驗乎？然而古今曆家未有議及者，不可謂之非缺事也。愚今别立新術，不用東西南北之號，惟據人所見日月圓體，分爲八向：以正對天頂處命之曰上，對地平處命之曰下，上下聯爲直綫即地平經度高弧，中分之，作十字横綫，命之曰左、曰右依人之左右定之，此四正向也；曰上左、上右，曰下左、下右，則四隅向也。乃以法求得交食各限虧、甚、復爲三限，月食既者則有五限，白道與高弧所作之角，而定其受蝕之所在，則舉目可見，竝如所圖，不可以絲毫假借即不正當八向，而少有偏側，亦可預知。誠爲簡易直捷，於測食之用，不無小補。

嚮考古曆，惟隋劉焯《皇極曆》言交食方位頗詳。嘗思作一簡法，而頻年測交食方位，不符所算，屢欲爲之，不能得其要領。今訂《蒙求》作圖之誤，始定此法，實千年未發之秘也。

又從來言交食，只有食甚分數，未及其邊。惟王寅旭則以日月圓體分爲三百六十度，而論其食甚時所虧之邊凡幾何度。今爲推演其法，頗爲真確寅旭言方位亦以東西南北，然既知所虧邊度，可以餘光兩角折半取中，即爲食甚時所當方位之衝，於是依法再以上下左右命之，即食甚之方位亦定矣。初虧是初缺光處，復圓是光欲滿而尚有微缺，略如初虧，竝可以指定其處。惟食甚方位難測，故必以折半取中。

《日差原理》一卷

曆有平時，有用時。平時者，步算所得；用時者，測驗所徵。太陽之有日差加減，猶月離、交食之有加減時也《月離表》是改用時爲平時，《交食表》是改平時爲用時，故此之所減，即彼之所加，其用相反，而積差之分秒竝同，而《日躔表》所載之數獨異。據《表説》謂有二根一黄赤之斜直，一高卑之盈縮，其説尤含糊支蔓，《月離》《交食》二章棄而不用，彼蓋自知其非是矣若日躔宜用《日差表》之法，則交食等亦宜用之。今所立《加減時表》，只以黄赤之斜直爲根，而不兼高卑盈縮，是不用《日躔表説》之法也。而《日躔表》仍誤不改，若以此入算，則節氣加時皆謬矣據正理，則節氣加時亦宜用《加減時表》。

余嚮疑日差既有二根，即宜列二表蓋謂盈縮起高衝，在冬至後數日，且每年有東移度分，而黄赤斜直算起冬至，故不宜合爲一表，嘗持是説以語劉季莊，深以爲然。作《蒙求》時，欲以此補交食章之缺。方著論以明之，而孫穀成竊竊然疑之以爲定朔時既有高卑盈縮之加減矣，茲復用於此，豈非複乎。余因其説而覆思焉，然後知交食章之非缺，而不須二表也至理人人可知，而執成見者昧之。童烏九歲，能與《太玄》，於茲益信。

《火緯本法圖説》一卷解地谷立法之根，以正《曆書》之誤

熒惑一星，最爲難算，至地谷而其法始密，圖表具在，可考而知也。何嘗云『火星天獨以太陽爲心，不與餘四星同法乎』？作《曆書》者突發此語，遂令學者沿譌。是執圖以觀圖，而不以算理觀圖也。不知

曆算家有實指之圖，有借象之圖。地谷氏之圖火星，所謂借象也，非實指也。錢唐友人袁惠子士龍受黄三和先生弘憲曆學，以《曆指》爲金科。余故爲作此以極論之，而徵之切綫分角之法，以著其理，袁子虚懷見從。已復質諸睢州友人孔林宗興泰，亦以爲然，而手抄以去。又旁證諸穆氏《天步真原》、王氏《曉庵曆法》，大旨亦多與余合。

《七政前均簡法》一卷 訂《火緯表説》，因及七政

西法用表，如古法之用立成，不得其列表之根，表或筆誤，無從訂改矣，故有表説以發明之。然或表説所用之數，有與表中互異者，則是作表者一人，作表説者又一人也。余因查火星之表，而爲之推演，然後知立表之法甚簡。洵乎此心此理，不以東海西海而殊。

《上三星軌跡成繞日圓象》一卷

五星本天竝以地爲心，與日月同。至若歲輪即古法遲、留、逆、伏之段目，則惟金、水二星繞太陽左右而行，其歲輪直以日爲心。土木火三星則不然，竝以本天上平行度爲歲輪心金、水以太陽爲歲輪心，亦以二星之平行與太陽同度也。然其軌跡所到，竝於太陽有一定之距，故又成繞日左行之圓象。西人所立新圖，不用九重天，而五星竝以太陽爲心，蓋以此也。然金、水歲輪繞日，其度右移，上三星土、木、火軌跡，其度左轉，若歲輪則仍右移耳。

《黄赤距緯圖辯》一卷

凡圖黄道緯度，於赤道左右取二至所到度分，聯爲横綫，而作小圈，以擬黄道。乃於小圈上匀分節氣，各作直綫，過赤道子午大圈，即各節氣之黄緯可得，此法甚確。今《天問略》省去子午大圈，惟取赤道左右四十七度左右各二十三度半，儘其兩端爲邊，以作黄道小圈，未爲不可。但此四十七緯度，仍宜作大圈上弧度，斯爲得法。今乃徑作直綫，故其距緯皆不真，而列表從之誤，故具論之。

《太陰表影辯》一卷

月能掩日，日遠月近，其理明白而易見，不在表影。西人之測，則謂太陽、太陰各高五十度時，太陽表景必短，而太陰表影必長，以是爲月近於日之徵。夫表影既有長短矣，又何以明其同高五十度乎？必不然矣。初讀《天問略》，竊疑其非。尋見西書稍多，其説竝同，故謹爲之辯。

按：立表取影，所得者皆光體上邊之影。故古人用景符取竅達日光，僅如黍米，宛然見横梁於其中，是爲中影。今太陰之景既長於太陽，而猶能知其爲五十度之高勢，必用他測器施闚筩而得之也。然則闚筩所得者中景，中景者，實度也，直表者邊景，非實度也。太陽光盛，故其光溢於邊之外而影瘦；太陰光微，故其光斂於邊之内而影肥。此亦易見易知之理，奈何以此言日月遠近乎？

《渾蓋通憲圖説訂補》一卷

渾蓋之器，以蓋天之法代渾天之用，其製見於《元史》札馬魯丁所用儀器中，竊疑爲《周髀》遺術流入西方者也。法最奇，理最確，而於用最便，行測之第一器也。然本書中黄道分星之法尚缺其半，故此器甚少，蓋無從得其制度也。兹爲完其所缺，正其所誤，可以依法成造，用之不疑矣。

《西國月日考》一卷

《曆書》中七政算例多有言西某月某日者，既非建寅、建丑、建子之法，又非以節氣爲序，如《回回曆》之用太陽年。其紀日數，既非以朔爲初一，然又非如回回之以見月爲朔。且其雜見於諸卷者，又各自不同。嘗疑其各國自爲正朔，立法相懸也。既而彙集詳考，然後知其所用竝以太陽會恒星爲主，即恒星歲也。恒星東行有歲差度分，則太陽會之以成月者，亦漸不同，故諸卷中所載互異，而以年代徵之，亦可見也。今西教中齋日，所謂正月一日者，在今冬至後第四度間，亦是此法。至其一年十二月，有一定大小大者三十一日，小者二十八日，閏年則增一日，竝以太陽行黄道三十度而成一月，大致竝同回曆矣嘗於武林遇殷鐸德，言彼國月目，〔一〕又與齋日互異。豈彼中原有各國之正朔不同，而《曆書》所舉，是其一法歟？存之再考。

〔一〕『目』，《知不足齋叢書》本作『日』。

《七十二候太陽緯度》一卷

緯度以測日高，因知北極高，爲用甚博。古用二至二分，今則逐日可測。兹約之於七十二，亦承友人之命而爲之者。

《陸海鍼經》一卷又謂之《里差捷法》

地既渾圓，則所云二百五十里一度者，緯度則然。若經度，離赤道遠則里數漸狹，然惟其路正東西行，與距等圈合，自有一定算法。路或斜行，則其法不可用。愚爲立法，若兩地各有北極高度，又有相距之經度，而無相距里數，是爲有兩邊一角而求餘一邊，即可以知斜距之里。若先有斜距之里數而求經度，是爲三邊求角，亦可以知相距之經度。其法竝用斜弧三角形立算，可與月食求經度之法相參，而且簡易的確月食不常有，又須多人於各地同測，視此爲難。

又按：距赤道遠而里數漸狹者，乃距等圈之算。距等圈不惟漸狹，而其勢微曲，以兩極爲心，離赤道遠，其曲益深，去極益近，則成繞極之圓圈矣。故惟兩地之北極同高，始能與漸狹之數相符。若正東西行，則爲球上大圈，不與距等同勢，故不論赤道遠近，竝以二百五十里爲度，但係斜度，非對兩極之經度耳。○推此而知斜弧所算，亦每度二百五十里距等圈既不與正東西行之大圈相應，則里數難定，故月食只可以求經度，不可以定里數，亦從來未發。亦不論赤道遠近，但須取直，如鳥道海程，乃相應耳。

《帝星句陳經緯考異》一卷

余所見《曆書》刊本，多有互異之處，恒星經緯改處尤多，二星亦然。不知其既刻復改，是何時更定。今以弧三角推之，有與所改合者，有與先刻合而所改反離者，故爲之考。

《星晷真度》一卷

定夜時之法多端，而測星以知太陽，其最確也。測星定時法亦多端，而用句陳大星及帝座，其最簡也。然恒星既隨黄道東移，以生歲差，則二星亦不能定於一度，而何以定時？故作星晷者，必知現在二星之真度分，而後其用不忒。前條考二星經緯，亦以此也二星與北極不動處，正作弧三角形。法於二星正南北時，求其子午規上是何宫度，即星晷真度也。用極星亦可作星晷，然極星離北極亦三度奇，而句陳明顯，尤爲便用。

《測器考》二卷

在璿璣玉衡，以齊七政，乃治曆之根本。自唐虞以來，未有不精測驗而能定曆者也。曆法以踵事增華而益善，測天之器亦然。羲和舊器没於秦焰，洛下閎、鮮於妄人等始創爲之，謂之渾天儀，但有赤道，無黄道。至東漢永元中，始有黄道銅儀。厥後李淳風、梁令瓚之徒，代有製作。至唐一行、元郭守敬，始有行測之器，而郭公簡儀只用赤道一環，以二綫代管闚，諸星距度始有分秒可言，最簡最確。其所製仰儀、立運諸器，或用渾圓之半，或只平圓一規，以視古器之重環掩映，殊爲簡玅矣。至今西法以象限儀測高度，只用平圓四之一，以紀限儀測兩星之距，又只平圓六之一，其器益簡，其測益精。行測之器，有渾蓋、簡平諸製，隨地隨時皆可施用，渾天渾地之理遂如列眉。然則測器至今日誠大備矣，故謹爲之考。

《自鳴鐘説》一卷

測時之法，晝占日景，夜候星度，其理已盡。然無以處陰雨之際，古所以有壺漏之製也。西法入，乃有自鳴之器，蓋亦行測所需，乃至窮工極巧，收其機牙於徑寸之中，聊供玩好，無裨實用。若其稍大者，按候支更，以節晨昏，則爲用亦大矣。

《壺漏考》一卷

自《周官》有挈壺氏，歷代用之，史每言晝漏若干下是也。吾宣譙樓有宋製銅壺滴漏，明天啓間尚存。而遠公在廬山有蓮華漏，《宛陵集》有田家水漏詩，然則隱者之居、東作之務，蓋亦有資之爲用者。故爲之博考，以存古義宋景濂先生有《五輪沙漏銘》，今西人四刻沙與之同理，故各附一則。

《日晷備考》三卷

吾鄉日晷依赤道斜安，實爲唐製，則日晷非始西人也。西製有平晷、立晷、碗晷、十字晷諸式，廣之不啻百十餘種。余所見自《曆書·渾天儀説》《比例規解》外，别有日晷耑書三種，互爲完缺，而其中作法亦有似是而非之處，則以所學有淺深，抑仿而爲者以臆參和，厥理遂晦。天下事往往而然，而曆學爲甚，日晷其一端耳。

《赤道提晷説》一卷

赤道提晷亦日晷之一，其製甚巧。友人有其器，不知所用，爲補其説。《備考》中所無也，故别爲卷。

《思問編》一卷

鼎生平於難讀之書，不敢置也，每手疏而攜諸篋衍，以待明者問之，則於曆算尤多。今雖稍有所窺，如遊名勝，其入既深，益多欲探之奇，所願有志者起而共圖之也。

《勿庵揆日器》一卷

取里差以定高度，黍珠進退，準乎節序，用二至爲端，器溢於寸，表止於分，而黄赤之理備焉。乙卯年偶爲斯製，續得日晷諸書，亦未有相同者也。

《諸方節氣加時日軌高度表》一卷

《曆書》目有《諸方晝夜晨昏論》及其分表，今軼不傳。《交食高弧表》非節氣度節氣黄緯有畸零，而《高弧表》用整度故也。今依弧三角法算定，爲揆日之用自北極二十度至四十二度，竝余孫瑴成所步也。

《揆日淺説》一卷

日晷之書詳於法，法之理多未及也。仿作多差，不亦宜乎？故擇其尤難解者疏之。所説多渾天大意，故别爲卷。

《測景捷法》一卷

精於測景之法，可以知南北之里差。既知里差，則隨地隨時可以預定其景之分寸。約而言之，惟切綫一法而已。切綫者，句股相求也。表如半徑，直表之景如餘切爲以股求句，横表之景如正切爲以句求股，竝以極高度取之。鼎向在燕山，有以此法問者，作此應之。書成倉猝，殊覺簡明也。

《璇璣尺解》一卷

渾蓋通憲爲行測占天之巧製，然作之不易。歲己未，與山陰友人何奕美言測算之理，爲作渾蓋地盤。

而苦乏銅工，爰作此尺以代天盤。尺有二，皆同樞，樞即北極。尺以堅楮爲之，銅亦可。其一具周歲節氣，所以測日也；其一載大星十數，所以測星也，竝以赤道緯度定之。晝測日景，得其高度，即可查節氣，以知時刻；夜測星，得其高度，亦可查星距太陽經度，以知時刻。善用者，即此已足。蓋渾蓋天盤之法，略具其中矣。

《測星定時簡法》一卷

有日之時，有星之時。法用星之緯度，於簡平儀上查其星距子午規若干時刻，再查此星距太陽若干時刻，以相加減，即得真時。此法不拘何星可用，故曰簡法。

《勿庵側望儀式》一卷

簡平儀耑論日景，故以二至爲限。鼎此製於二至外仍具緯度，北至極、南至地平，如置身六合之外以望天體，故曰側望。

《勿庵仰觀儀式》一卷

圖星垣者，以北極居中，見界爲邊；或分兩極居中，赤道爲邊。此即經緯無差，必所居之地以極爲天頂，則所見然耳。其各地天頂之星與地平環上之星，不可以擬諸形容也。鼎此式各依本方極高之度，以規地平，而安天頂於中央，依距緯以安北極。再從北極出弧綫，以定赤道。又自北極依法作多圈，以擬赤緯。則某星在天頂，某星在某方高若干度，某星在地平環，二十四向可以周知。又依分至節氣，各爲一圖，則天盤經緯與地盤經緯相加之處，可指而數，毫無疑似。雖從未知星者，可以按圖而得矣。

《勿庵渾蓋新式》一卷

渾蓋舊製，以赤道外二十三度半爲限，止於晝短規。今於短規外再展八度，則太白所居南緯，可以查其所加。占測之用，於是而全。

《勿庵月道儀式》一卷

月道出入於黄道，猶黄道之出入於赤道也。自古及今，未有爲之儀器者惟《大衍曆》以篾作月道，依二百四十九交，鑽孔於渾儀黄道。每交，移動以擬之。然其法不傳，蓋難用也。今依渾蓋北密南疏之度，以黄極爲樞，而月道半在其内，半出其外，則月緯大小之理，及正交、中交、交前、交後之法，可以衆著儀以銅爲之，略如渾蓋。其上盤爲月道，亦如渾蓋天盤之黄道圈，其下盤黄道經緯，分宫分度，竝以黄極爲心，而儘邊以黄緯九十五度少半爲限。出黄道南五度少半，月道所到也。

《天步真原訂註》

西士穆尼閣作《天步真原》，與《曆書》有同有異。其似異而實同者布算之圖、對數之表，與《曆書》迴别，然得數無二，則雖異而實同也。若夫黄道春分二差，則根數大異，此謂誠異。然非測候之真，亦無以斷其是非。原書訛舛多訛，殆不可讀，故稍爲訂註，以待後賢論定。

《天學會通訂註》

青州薛儀甫鳳祚本《天步真原》而作《會通》，以西法六十分通爲百分，從《授時》之法，實爲便用。然仍以對數立算，愚則以不如直用乘除爲正法也。

以上二書，嚮從金陵老友劉文學于弢昭借鈔。續遇潁州劉行人子端淑因，慨然欲校刻青州遺書，約鼎爲之是正，以事不果。近承東藩梁鶴江〔一〕先生世勳惠寄《薛氏全書》，則《氣化遷流》諸卷俱已續刊矣潁州師弟之誼甚篤，若見刊本必喜，余所訂註之處，亦未獲與之相質也。

〔一〕『鶴江』二字原刻本無，據《知不足齋叢書》本補。『鶴江』當爲『鶴汀』。

穆先生久居白門，吾友六合湯聖弘濩與之善，言其喜與人言曆而不强人入教，君子人也。儀甫初從魏玉山文魁主張舊法，後復折節穆公，受新西法，盡傳其術，亦未嘗入耶蘇會中。當其刻書南都，鼎方株守窮山，不相聞知。歲乙卯，晤馬德稱諸君，始知之，則其歸已久。至庚申，汪發若先生爍作宰淄川，托致一書，而薛先生方病革，遂未奉其回示。甚矣僻處之難爲學，而深自悔其因循也。

《王寅旭書補註》

吴江王寅旭先生錫闡深明曆術，著撰極富。初，太史潘稼堂先生爲鼎稱述之。己巳入都，始從嘉禾徐敬可善抄得其《圜解》一册，爲之訂其缺誤。已復因阮于岳副憲寄訊稼堂，抄到測食諸稿，又因張簡庵雍敬寄到曆法書二卷，又於簡庵處見其所定《大統法》及《三辰儀晷》，竊亦稍有附論，然寅旭之書不止於是也。鼎嘗評近代曆學以吴江爲最，識解在青州以上，惜乎不能蚤知其人，與之極論此事。稼堂屢相期訂，欲盡致王書，屬余爲之圖註，以發其義類，而皆成虚約，生平之一憾事也。

《平立定三差詳説》一卷

《授時曆》於日躔盈縮、月離遲疾，竝云以算術垜積、招差立算，而今所傳《九章》諸書無此術也，豈古有而今逸耶？載考《曆草》，竝以盈縮日數離爲六段，各以段日除其段之積度，得數乃相減爲一差，一差又相減爲二差，則其數齊同，乃緣此以生定差及平差、立差。定差者，盈縮初日最大之差也。於是以平差、立差減之，則爲每日之定差矣。若其布立成法，則直以立差六因之，以爲每日平、立合差之差。此兩法者若不相蒙，而其術巧會，從未有能言其故者。余因李世德孝廉之疑，而試爲思之，其中原委亦自歷然。爰命孫瑴成衍爲垜積之圖，得書一卷李世兄敏而好學，事事必求其根本，所謂胸中無膏肓之疾者也。乃一病遽赴玉樓，豈天不欲此學之明耶？爲之泫然。

《寫天新語鈔存》一卷

廣昌揭子宣暄深明西術，而又別有悟入。謂七政之小輪皆出自然，亦如盤水之運旋，而周遭以行，急而生漩渦，遂成留逆，實爲古今之所未發。歲己巳，始得奉寄一函。承其不棄，以《寫天新語》草稿見寄，因摘録存之。因見《邸抄》有章君順節尉廣昌，以爲穎叔也，因屬周星士致書焉。次年得報函，則余在京師矣。然其爲尉者，亦山陰章氏，而非穎叔。乃此君仍能遣役遠尋揭先生，覓致此書，有古人之義焉，至今銜德，未有以報也。〇爾後揭先生翩然遊皖，住半年而返，余方羈燕，不相值也。於是先生年踰八十，有子有孫，不以自隨，而隻身攜襆被行數千里，不以爲遠，真奇士也。

《古曆列星距度考》一卷

西法言普天星宿竝依黄道東行，愚嘗以《唐書》證之，斷其可從。獨恨古無信圖，而史志載距度，亦只及於列宿距星而止，無可廣徵。數十年前，收得書肆中殘壞刻本，有普天星宿入宿、去極度分，而中缺二宿。康熙己卯，偶至閩中，借抄林侗人侗寫本，始補完之，然不審其誰作。據寫本往往標有古人名姓，如謝姓、張衡等，不一而足，然刻本無之，不足爲據也。考宋以前，竝以日法命度，各有畸零，無整用百分者。百分爲度，實始《授時》。今度下分有至九十餘分，其爲《授時》之法無疑。《郭太史傳》有《二十八舍雜坐入宿去極度分》一卷、《新測無名星》一卷，竝藏之官，而書皆不傳。今得此爲徵，亦足與西測恒星互相參考矣。

以上曆學書六十二種。

内已刻者七種。

《中西算學通序例》一卷已刻

算數作於隸首，見於《周官》，吾聖門六藝之一也。自利氏以西算鳴，於是有中西兩家之法，派别枝分，各有本末，而理實同歸。或專己守殘而廢兼收之義，或喜新立異而缺稽古之功，算數之所以無全學也。夫理求其是，事求適用而已，中西何擇焉？雖然，不爲之各極其趣，亦無以觀其會通。因不揣固陋，著書九種，而爲之序例。爾後論撰稍多，因以此爲初編云爾。

《勿庵籌算》七卷已刻

籌算之法，蓋始於作《曆書》時《曆引》言算術：『古用觚棱，近便珠算，西法第資毫穎，今復有籌算之創，其簡捷更倍於疇昔諸術。』由是言之，則籌算乃爾時新創，非歐邏之舊術。其爲術也，本係直籌横寫，鼎此書則易之以横籌直寫，乃所以適中土筆墨之宜。友人蔡璣先見而悦之，爲雕版於金陵憶歲己酉，桐城方位伯言籌算之善，然未見其書。無何，家澹如兄至自都門，有所攜算籌一握，而缺算例，余爲補之。澹如大喜，因問余曰：『能易之以直寫，不更便乎？』子彦姪亦以爲然。遂如言作之，凡三易稿而後成。文人才士每病算書難讀，余此書頗覺詳明。是爲初編之第一書嚮在京師，宫坊趙升符先生執信遲鼎言籌算，寓處稍遠，余行步舒緩，趙不能待，自取其書，繙閲一時許，則乘除之法盡了然矣。

《勿庵筆算》五卷已刻

余筆算亦用直寫，以便文人之用。而定位一端，視舊法尤捷。有二稿：一作於金陵，有蔡璣先序；一作於天津，初編之第二書也是書少參金鐵山先生刻於保定。

《勿庵度算》二卷

西人尺算，即《比例規解》所述也。余初購《曆書》佚此卷。歲戊午，黄俞邰太史爲借到皖江劉潛柱先生本，乃鈔得之。頗多譌缺，殊不易讀。蓋攜之行笈，半年而通其指趣歲庚申，晤桐城方素伯中履，見鼎所作尺，驚問曰：『君何從得此？蓋家兄久欲爲此而未能。履遊豫章，拾得遺本寄之，乃明厥製耳。』續見位伯書，以三尺交加取數，故只能用平分一綫，且亦非《比例規解》本法也。夫用規取數，則兩鋭所到毫釐可辨，而其數即徵之本尺，執柯伐柯，其則不遠，所得無殊於横尺，而爲用加捷。不知位伯何故改法，又不知素伯所拾遺本，其立法何似，惜未獲與之深論也。本書原無算例，今所用者，並吾弟爾素所補，而參之以陳䃤庵者也嘉禾陳獻可先生藎謨有《尺算用法》一卷，然亦只平分一綫，爾素書則諸綫皆備。余亦時時涉筆，聊以窮其作法之根，通其用尺之變，而未暇爲例。今得二書，補塞遺缺，中邊備矣。

又有矩算，則鼎所創也。西人用三角，故兩其尺。今用句股，故只用一尺一方版，其理無二初晤位伯，極言尺算之奇，而未悉厥狀，思之屢日，爰成斯製。續從新安戴季默得䃤庵書，内有斂規取數之用，然後疑前所悟之猶非也。最後得《比例規解》，其疑乃釋。蓋比例即異乘同除之理，故可以句股取之，而原法以規當横尺，本自靈妙。並存兩術，用相參校，則比例之理益著矣。

尺算、矩算皆爲度算，則初編之第三書也。

《比例數解》四卷

比例數表者，西算之别傳也。其法自一至萬，並設有他數相當，謂之對數。假令有所求數或乘或除，但於本表簡兩對數相加減，即得所求。乘者，兩對數相加得總。除者，兩對數相減得較。總、較各以入表，取其所對本數，即各所求之乘得數、除得數。

中土習用珠盤，西法用筆、用籌、用尺，各有所長垛積合總，莫速於珠盤；乘法位多，莫穩於筆算；開平方，莫便於籌算；製器作圖，莫良於尺算，然並須布算而知。今則假對數以知本數，不用乘除，惟憑加減加減者對數也，求得者本數也。所算在彼，所得在此，一對即知，無所庸其推索。術之奇也，前此無知者。本朝順治間，西士穆尼閣以授薛儀甫，始有譯本。

對數之奇，尤在開方。古開方術至三乘方以上，委曲繁重，積晷刻而後成。今用對數，俄頃可得如平方但取對數折半，立方取對數三之一，三乘方則四之一，四乘方則五之一，五乘方以上並然，並取其所對本數，命爲所求方根，神速簡易，殆非擬議所及。

又有《四綫比例數》，亦穆所授也。八綫割圓，西曆舊法。今只用正弦、餘弦、正切、餘切，故曰四綫舊《八綫表》以正矢、餘矢，即餘弦、正弦之餘，故列表止六，而有八綫之用。今《比例數》又省去兩割綫，故表只四綫，然亦實有六綫之用矣。

穆先生曰：『表有十萬，西來不戒於途，僅存一萬。萬以上，以法通之。』四綫本數逾百萬，而亦列對數，是即以法通之之數也。〇嘗見薛刻別本，數有二萬。

儀甫又有《四綫新比例》，用四綫同，惟度析百分從古率也。

穆有《天步真原》，薛有《天學會通》，並依此立算，不知此，則二書不可得而讀。故稍爲詮次，爲初編之第四書。

《三角法舉要》五卷已刻，進呈

西法之用三角，猶古法之用句股也。而三角能通句股之窮，要其理不出於句股。故鋭角形分之，則二句股也；鈍角形以虚補實，亦句股也鈍角形補其虚角，則成半虚半實之句股形，又即成一虚句股形。而所設鈍角形，又即爲兩句股相較之餘形，皆句股法也。至於弧三角，則於無句股中尋出句股，其法最奇，其理最確，八綫之用於是而神。是故全部《曆書》，皆弧三角之法也。不明三角，則《曆書》佳處必不能知，其有缺誤，亦不能正矣。故以是爲初編之第五書也。

必先知平三角，而後可以論弧三角。猶之必先知句股，而後可以論三角也。《平三角》原止一卷，今廣之爲五卷曰測算名義，曰算例，曰内容外切，曰或問，曰測量。

是書安溪公刻於保定乙酉南巡，蒙恩召對，進呈御覽。

《方程論》六卷已刻

《九章》之第八曰方程，以御錯糅正負。自明算者稀，能舉其名者，或已鮮矣。今諸書所存數例，率多臆説，而厥旨益汶。李水部括九章於西術，至此一章，亦仍其誤也。鼎疑之蓋將二十年，始得其解。然後知算法之有方程，猶量法之有句股，皆其最精之事，因作論明之。蓋必如是，而方程始爲有用，即古人之别立一章，不爲徒設。竊意天下之大，豈無宋元以前之善本留至今日者，庶幾足以訂余之説？所望留心學問者，相與博求而共證之也。是爲初編之第六書初，稼堂賞余此書，阮副憲于岳爲付刻貲，而余未及爲，嘉魚明府李安卿鼎徵乃刻於泉州。彼教人或見李序言西法不知有方程，憤然而争。不知西術有借衰互徵，而無盈朒方程，《同文算指》未嘗自諱，李序蓋有所本耳。

《幾何摘要》三卷

《幾何原本》爲西算之根本，其法以點、綫、面、體疏三角測量之理，以比例大小分合疏算法異乘同除之理。由淺入深，善於曉譬，但取徑縈紆，行文古奥而峭險，學者畏之，多不能終卷。方位伯《幾何約》又苦太略。今遵新譯之意，稍爲順其文句，芟繁補遺，而爲是書。於初編則爲第七柘城杜端甫孝廉知耕有《幾何論約》，吾弟爾素有《幾何類求》，竝可與是書參證。

《句股測量》二卷

測量必用句股，即《戴記》所謂絜矩也。絜矩之道，立少以觀多，即近以見遠。故立矩可以測高，覆矩可以測深，偃矩可以測遠。然而方可測，圓不可測，於是而割圓之法立；平可測，險不可測，於是而重差之術生。古書雖不盡傳，然《周髀》開方之圖，《海島》量山之算，猶存什一於千百。乃若《測圓海鏡》元欒城李冶著，明大司寇吴興顧箬溪先生應祥爲之註釋者，實句股容圓之一術，而引而伸之，遂如五花八陣。故具録其要，以存古意焉。於初編爲第八也。

古測量家有重術、綴術。重術者，謂以器測之而得其數，如纍矩、重表之類，曆家則有渾儀窺管。綴術者，謂據所測之數，而繼之以算法，句股旁要是也。

言測量，至西術詳矣，然不能外句股以立算。故三角即句股之精理，八綫乃句股之立成也。平三角、弧三角不離八綫，則皆句股之術而已。

算數之學初無今古也，自學者避難好徑，古籍日以㪚亡。或有踵事生新，自矜創獲，輒輕古率爲疏，將此僅存者，亦難終保矣。鼎生也晚，凡遇古人舊法，雖片紙如拱璧焉。家貧居僻，不能多致典墳，聊存此以見余之志。惟冀好古博雅君子，不吝鄴架之藏，以公同志，庶前賢墜緒不致終湮，可勝翹企。初編之序，以此爲第九書。

《九數存古》十卷

九數即九章也：一曰方田，以御田疇界域；二曰粟布，以御交質變易一名粟米；三曰差分，以御貴賤稟稅一名衰分；四曰少廣，以御羃積方圓；五曰商功，以御功程積實；六曰均輸，以御遠近勞費；七曰盈朒，以御隱雜互見一名贏不足；八曰方程，以御錯糅正負；九曰句股，以御高深廣遠一名旁要。隸首之法僅存者，九章之目耳。然後有作者，靡或出其範圍，可謂規矩方圓之至矣。

古算書載程大位《算法統宗》者，惟劉徽《九章》尚有宋版，鼎嘗於黄俞邰處見其方田一章，算書中此爲最古。其錢塘吴信民《九章比類》，西域伍爾章遵韜有其書，[一]余從借讀焉。書可盈尺，在《統宗》之前，《統宗》不能及也。又山陰周述學著《曆宗算會》，於開方、弧矢頗詳，書亦在《統宗》前，而程氏未之見。

[一]「遵韜」二字據《知不足齋叢書》本補。

然則古書之存者，宜尚有之。

近代作者，如李長茂之《算海説詳》，亦有發明，然不能具九章。惟方位伯《數度衍》於九章之外蒐羅甚富，杜端甫《數學鑰》圖註九章，頗中肯綮，可爲算家程式。余於諸家間有采擷，必直書其所自，不敢掠美。亡兒以燕於此學頗有悟入，能助余之思辯，惜乎見其進，未見其止。

《少廣拾遺》一卷自此以後，竝爲續編

古有一乘方至九乘方相生之圖，而莫詳所用。《同文算指》演之具七乘方，亦非了義。《西鏡録》增有廉積立成，然譌亂不可讀。歲壬申，余在都門，有三韓林□□寄訊楊時可及丁令調，屬問四乘方、十乘方法諸乘方中惟此二者不可以借用他法，摘此爲問，蓋亦留心學問人也。因稍爲推演至十二乘方，亦有條而不紊。

《方田通法》一卷

算家有捷田二十三法，稍廣之爲百二十有四，聊存此以見數法之無所不通。

《幾何補編》四卷

《天學初函》内有《幾何原本》六卷，止於測面，其七卷以後未經譯出。蓋利氏既殁，徐、李云亡，遂無有任此者耳。然《曆書》中往往有雜引之處，讀者或未之詳也。壬申春月，偶見館童屈篾爲燈，詫其爲有法之形其製以六圈成一燈，每圈匀爲六折，竝周天六十度之通弦，故知其爲有法之形，而可以求其比例，然《測量》諸書皆未言及，乃覆取《測量全義》量體諸率，實考其作法根源法皆自楞剖至心，即皆成錐體，以求其分積，則總積可知，以補原書之未備。而原書二十等面體之算，嚮固疑其有誤者，今乃徵其實數《測量全義》設二十等面體之邊一百，則其容積五十二萬三八〇九。今以法求之，得容積二百一十八萬一八二八，相差四倍。又《幾何原本》理分中末綫，亦得其用法《幾何原本》理分中末綫，但有求作之法，而莫知所用。今依法求得十二等面及二十等面之體積，因得其各體中稜綫及輳心對角諸綫之比例，又兩體互相容及兩體與立方立圓諸體相容各比例，竝以理分中末綫爲法，乃知此綫原非徒設。則西人之術固了不異人意也，爰命之曰《幾何補編》書係稿本，李安卿手爲謄清，將以付梓，而屬余病，李又赴任嘉魚，遂未獲相爲重校。

《西鏡録訂註》一卷

《西鏡録》不知誰作，然其書當在《天學初函》之後。知者《同文算指》未有定位之法，而是書則有之，其爲踵事加精可見。所立金法、雙法，亦即借衰互徵、疊借互徵之用，然較《同文算指》尤覺簡明。但寫本殊多魯魚，因稍爲之訂。

《權度通幾》一卷

重學爲西術一種，然載於《比例規解》者，譌誤尤甚。今以南勳卿《儀象志》互相訂補，其數稍真。

《奇器補詮》二卷

奇技淫巧，古人所禁，爲其作無益，害有益也。若關中王公徵《奇器圖説》所述引重轉水諸製，竝有裨於民生日用，而又本諸西人重學以明其意，可謂有用之學矣。間嘗取書史所傳如漢杜詩作水鞴以便民，及王氏《農書》諸水器之類，睹記所及如劉繼莊《詩集》載筒車灌田法，近日吾鄉亦有爲之者，稍爲輯録，以補其所遺，而圖與説有不相應者，爲之是正，其以西字爲識者易之，便觀覽也。

《正弦簡法補》一卷

《大測》諸書言作八綫表之法，亦綦詳矣。續讀薛儀甫書，有用矢綫求度法，爲之作圖，以發其意，因得兩法，在六宗率、三要法之外兩法者，一曰正弦方冪倍而退位，得倍弧之矢，一曰正矢進位折半，得半弧正弦上方冪，而爲用加捷，不知作表何以不用也薛書亦用六宗率、三要法作表，與《曆書》同。近見孔林宗《大測精義》求半弧正弦法，與余説不謀而合，可謂所見略同矣。

《弧三角舉要》五卷已刻

三角之用，莫玅於弧度；求弧度之法，亦莫良於三角。故《測量全義》第七、第八、第九卷耑明此理，而舉例不全，且多錯謬。其散見諸《曆指》者，僅存用數，無從得其端倪。《天學會通》圈綫三角法作圖草率，往往不與法相應，缺誤處竟若殘碑斷碣，弧三角遂成秘密藏矣。今一以正弧三角爲綱，仍用渾儀解之，於《曆書》原圖稍爲增訂，而正弧三角之理盡歸句股，可指而數焉。於是而參伍其變，則斜弧三角之算亦歸句股矣。書凡五卷其目曰弧三角體式，曰正弧句股，曰求餘角法，曰弧角比例，曰垂弧，曰次形，曰垂弧捷法，曰八綫相當。蓋自是而算弧度者有端緒可循，讀《曆書》者亦有塗徑可入。

《環中黍尺》五卷已刻

《舉要》中弧度之法已詳，然更有簡玅之用，不可不知也。《測量全義》原有斜弧用兩矢較之例，但所立圖姑爲斜望之形，聊足以明其意象，而無實度可言。今一以平儀正形爲主，則凡可以算得者，即可以器量。渾儀真像，陳諸片楮，而經緯歷然，無絲豪隱伏假借，測算家一快事也。

至於加減代乘除之用，《曆書》僅舉其名，不詳其説，意若有甚珍惜者。蓋嘗疑之數十年，而後乃今得其條貫，即初數、次數、甲數、乙數諸法，竝砉然以解。書凡五卷其目曰總論，曰先數後數，曰平儀論，曰三極通幾，曰初數次數，曰加減法，曰甲數乙數，曰加減捷法，曰加減又法，曰加減通法。

其又法與加減同理，而取徑特殊。兒以燕於《恒星曆指》中摘出，千里致書相詢，爰附末簡，以不没其用心之勤。○甲數乙數用法甚奇，本以黄道求赤道，李世德孝廉準其法，以黄求赤，作爲圖論，又製器以象之。世德於此中有得，其書原可專行，故未附此。

《塹堵測量》二卷已刻

塹堵測量者，借土方之法以量天度也。其術以平圓御渾圓，以方體測圓體，以虚形準實形，故托其名於塹堵也。古法斜剖立方成兩塹堵，塹堵又剖爲三，成立三角。立三角爲量體所必需，然此義中西皆未發。今以渾儀黄赤道之割切二綫，成立三角形立三角本實形，今諸綫相遇成虚形，與實形等，而四面皆句股，即弧度可相求，不須用角，西法通於古法矣。又於餘弧取赤道及大距弧之割切綫，成句股方錐形，亦四面皆句股，即弧度可相求，亦不言角，古法通於西法矣。二者竝可用堅楮爲儀，以寫其狀，則弧度中八綫相爲比例之理，瞭如掌紋作法詳本書。而郭太史圓容方直、矢接句股之法，亦不煩言説而解。書凡二卷其目曰總論，曰立三角摘録，曰渾圓内容立三角，曰句股錐，曰句股方錐，曰方塹堵容圓塹堵，曰圓容方直儀簡法，曰郭太史本法，曰角即弧解。

以上三書《弧三角舉要》《環中黍尺》《塹堵測量》竝安溪相國刻於保定世兄李世得孝廉鐘倫多所參訂，而其群從世憲文學鑑及宿遷徐壇長用錫、安溪陳對初萬策、景州魏君璧廷珍三孝廉，河間王仲穎之銳、交河王振聲蘭生二文學，竝有校訂之功。其中圖象，則君璧及余孫瑴成手筆也。

《用句股解幾何原本之根》一卷

《幾何》不言句股，然其理竝句股也此言句股，西謂之直角三邊形，譯書時未能會通，遂分途徑。故其最難通者，以句股釋之則明。惟理分中末綫似與句股異源，今爲游心於立法之初，而仍出於句股，信古《九章》之義包舉無方徐文定公譯《大測表》，名之曰《割圜句股八綫表》，其知之矣。

《幾何增解數則》本各自爲書，今附前條共卷

其目有四曰以方斜較求斜方，曰切綫角與圜内角交互相應，曰量無法四邊形捷法，曰取平行綫簡法，竝就《幾何》各題而增，故不入《補編》《補編》專言體積，竝《幾何》未有之題。

《仰觀覆矩》一卷

一查地平經度，爲日出入方位；一查赤道經度，爲日出入時刻。竝依里差，用弧三角立算，與《曆書》法微别。秀水友人張簡庵雍敬熟觀余所製簡平儀，有所悟入，因作此相質。

《方圓冪積》二卷

《曆書》周徑率至二十位，然其入算仍用古率十一與十四之比例，本祖冲之徑七周二十二之密率，豈非以乘

除之際，難用多位歟？今以表列之，取數殊易，乃爲之約法。則徑與周之比例，即方圓二冪之比例徑一則方周四，圓周三一四一五九二六五，而徑上方冪與圓冪，亦若四與三一四一五九二六五。尾數八位，竝以表爲用。亦即爲立方、立圓之比例同徑之立方與圓柱，若四與三一四有奇，則同徑之立方與立圓，若六與三一四有奇。殊爲簡易直捷。歲癸未，匡山隱者毛心易乾乾惠訪山居，偶論周徑之理，因復推論及方圓相容相變諸率，益覺精明，蓋學問貴相長也。〇中州謝野臣廷逸，毛先生婿也，於數學甚有精思。偕隱陽羨，自相師友，著述甚富，多前人所未發。

《麗澤珠璣》一卷

鼎生平得力於友朋之益，故雖一言之惠示不敢忘也，必謹録之，久而成帙，取其關於算學者別爲一卷。

《古算器考》一卷

今有筆算今之籌算，亦是筆書，遂以珠盤爲古。不知古用籌策，故曰持籌。其用珠盤，蓋起元末明初，制度簡紗，天下習用之，而遂忘古法，故爲之考作珠盤者甚巧，惜逸其名氏。

《數學星槎》一卷

初學莫易於筆算減併乘除，三日可了，然除法定位轉易，乘法定位稍難。兹以本數、大數、小數三者別焉，雖童子可知矣。至於句股、開方，非圖不解。《周髀算經》有古圖，簡質可翫；《曆書》本《幾何》立説，亦足引人思致。今稍廣之，爲圖者六，以示余兩孫瑴成、玕成，俾稍知其意。數學如海，非篤好精思，鮮不自涯而返。然而千里之行，始於足下，因命之曰《數學星槎》云爾。

以上算學書共二十六種。

內已刻者七種。

梅文鼎全集

附録

赤水遺珍

操縵卮言

宣城梅瑴成循齋甫著

赤水遺珍　目録

方田度里正《王制》注疏之誤

《王制》曰：古者以周尺八尺爲步，今以周尺六尺四寸爲步。古者百畝，當今東田百四十六畝三十步。古者百里，當今百二十一里六十步四尺二寸二分。

按：疏言經文錯亂不可用，而陳氏註又言疏義所算亦誤。今以算術考之，經疏固誤矣，陳氏亦未盡合也。蓋古者百畝當今東田百五十六畝二十五步，古者百里當今百二十五里。

算法附後

求畝法：以古步八尺自乘，得六十四尺。又以百畝乘之爲實，以今步六尺四寸自乘，得四十尺九十六寸爲法。實如法而一，得一百五十六畝二十五步，爲今田畝數。

求里法：以古步八尺與百里相乘爲實，以今步六尺四寸爲法。實如法而一，得一百二十五里，爲今里數。

論曰：此三率互視法也。試以三率排之。

一率　今步積四十尺九十六寸

二率　古步積六十四尺

三率　古田百畝

四率　今田百五十六畝二十五步無零注於步下誤加寸分

以二、三兩率相乘爲實，一率爲法除之，得四率爲今田數。

一率　今步六尺四寸

二率　古步八尺

三率　古者百里

四率　今一百二十五里

以二、三兩率相乘爲實，一率爲法除之，得四率爲今里數。

又論曰：　古今同用周尺，惟步法不同，故惟以古今之步法相較，即得田里之差。今疏註兩家俱將古今尺折成十寸，立法已迂，而得數又復舛誤疏算得今田一百五十二畝七十一步有餘，今里一百二十三里一百一十五步二十寸。註算得今田一百五十六畝二十五步一寸六分千分寸之四，故爲正之。

測北極出地簡法 解西士顏家樂法

設至一處不知節候，惟測一恒星，自出地平至正午歷三十刻，其高七十度，求北極高。

法以三十刻變赤道度，得一百一十二度三十分，其大矢一三八二六八爲一率，正矢六一七三二爲二率，七十度之正弦九三九六九爲三率，求得四率四一九五三爲正弦。查表得二十四度四十八分十七秒，内減去星距天頂二十度，餘四度四十八分十七秒。與九十度相加折半，得四十七度二十四分〇八秒。與九十度相減，餘四十三度三十五分五十二秒，爲北極出地度也。

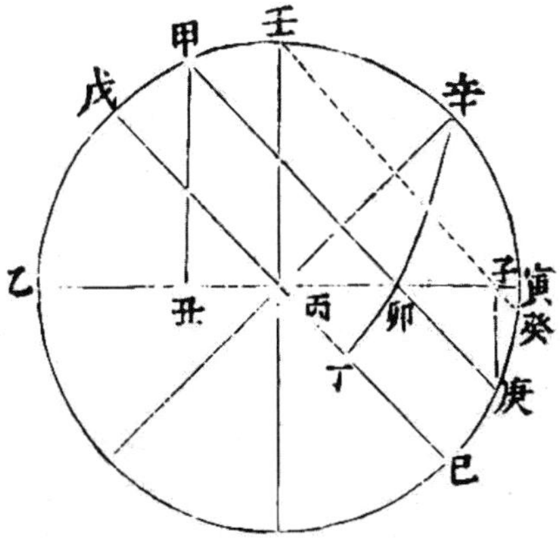

如圖，壬爲天頂，寅丙乙爲地平，辛爲北極，辛壬乙己寅爲子午圈。星從卯出地平行至甲，歷三十刻，變度爲甲辛丁角，其大矢戊丁，正矢丁己即丁辛己外角之正矢，甲乙爲星距地高弧七十度，其正弦甲丑。又作甲庚距等圈及子庚正弦，或甲卯丑及子卯庚兩同式句股形，故甲卯與卯庚之比，同於甲丑與子庚之比。而甲卯與卯庚之比，原同於戊丁與己丁之比，然則戊丁與丁己之比，亦必同於甲丑與子庚之比矣。既得子庚，查正弦得寅庚弧度，内減星距天頂之癸庚弧癸庚與壬甲等，餘寅癸弧，與壬寅象限相加爲壬辛癸弧，折半於辛，得辛壬弧爲極距天頂，與壬寅象限相減，餘辛寅弧，爲北極出地度也。

既知北極出地度，再測午正太陽高度，即知節候矣。

三角法用外角切綫解

如甲乙丙三角形，有甲乙邊，有乙丙邊，有乙角。

法以甲乙、乙丙兩邊相加爲一率，相減爲二率，乙角與半周相減折半，取切綫爲三率，求得四率爲半較角切綫，因得半較角，以加減半外角，即得丙角及甲角也。

解曰：此句股形弦與股之比例也。試引甲乙至戊，取乙丙爲半徑，以乙爲心，作戊丙丁半圓，截乙戊綫於戊，截甲乙邊於丁，則甲戊爲兩邊之總，甲丁爲兩邊之較。

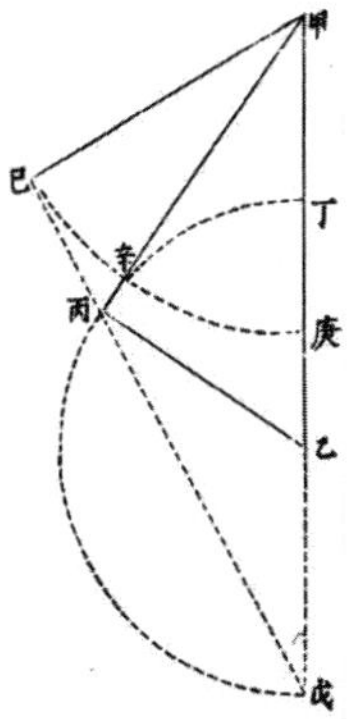

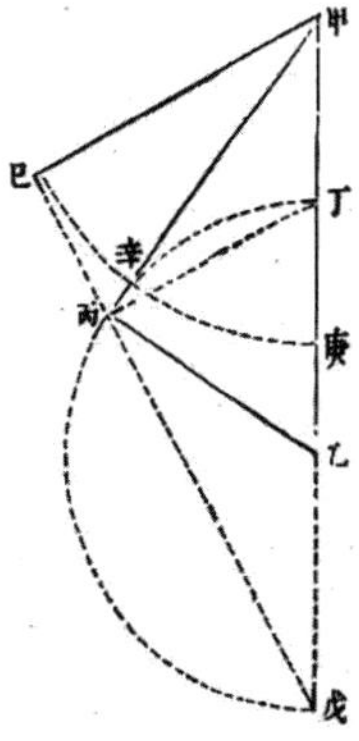

又自丙至丁作丙丁綫，成丁乙丙兩邊相等之三角形，則丁角與丙角必等，而爲半外角矣。又與丁丙平行作甲己綫，又自戊過丙至己作戊己綫，成戊丁丙，及戊甲己小大兩同式句股形小形之丙角乘戊丙丁半圓，則丙角必爲正角。甲己既與丙丁平行，則大形之己角必與丙正角等。又同用戊角，故爲同式句股形，則大形之甲角必與小形之丁角等。夫丁角半外角也，則甲角亦即半外角，而己甲丙角爲半較角矣。又以甲爲心，己爲界，作己庚弧爲半

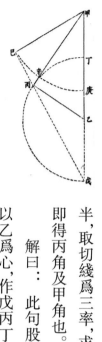

外角之度，則己戊爲其切綫，己辛即半較角之度，而己丙其切綫也。故以甲戊邊總與甲丁邊較之比，同於己戊半外角切綫與己丙半較角切綫之比，而爲弦與股之比例也。既得半較角切綫，查表得己甲丙角，亦即得甲丙丁角甲丙二角爲平行綫内之交錯角必等，以己甲丙半較角減己甲戊半外角，得元形之甲角，以甲丙丁半較角加丁丙乙半外角，得元形之丙角也。

弧三角形三邊求角用開平方得半角正弦法解 友人見示，云西士所授而不知其用法之故，特爲解之

法以三邊相加折半爲半總，與角傍兩邊各相較，得兩較弧。乃以角傍小邊之正弦爲一率，小邊較弧之正弦爲二率，大邊較弧之正弦爲三率，得四率爲初數。又以角傍大邊之正弦爲一率，初數爲二率，半徑爲三率，求得四率爲末數。置末數以半徑乘之爲實，平分開之，得半角之正弦。

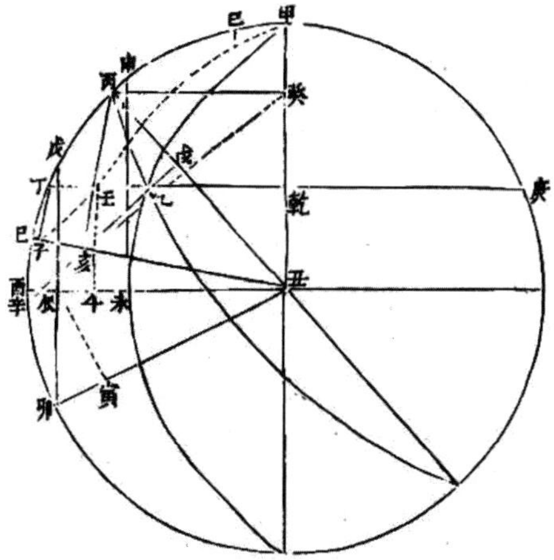

如圖，甲乙丙弧三角形有甲乙邊、甲丙邊、丙乙邊，求甲角。

甲庚、甲丁俱與甲乙大邊等，其正弦丁乾，甲丙小邊之正弦丙癸、丙辛與丙乙對邊等，其正弦辛戌。

庚甲丙辛爲總弧，折半於巳，巳辛爲半總，與甲己等。以甲己與甲丙小邊較，餘丙己，其正弦丙亥。以甲己與甲丁大邊較，餘丁己，其正弦丁子。申酉弧爲甲角度，其正弦申未，以申酉弧半之於戊，則戊酉弧爲半甲角度，其正弦戊辰，亦即卯辰。

一率　丙癸小邊正弦
二率　丙亥小邊較弧正弦
三率　丁子大邊較弧正弦
四率　丁壬初數

法爲丙癸小邊正弦與丙亥小邊較弧正弦之比，同於丁子大邊較弧正弦與丁壬初數之比也。癸丙亥三角形，與丁子壬三角形爲相似形，故可爲比例。

一率　丁乾大邊正弦
二率　丁壬初數
三率　丑酉半徑
四率　午酉末數

又丁乾大邊正弦與丁壬初數之比，同於丑酉半徑與午酉末數之比也。既得午酉與寅卯等，可求辰卯即戊辰，爲半甲角之正弦。

一率　丑卯半徑
二率　辰卯半角正弦
三率　辰卯
四率　寅卯即午酉末數

法爲丑卯半徑與辰卯半角正弦之比，同於辰卯與寅卯即午酉末數之比，而爲連比例四率也丑辰卯句股形與辰寅卯句股形同式，故可爲比例。故以丑卯首率與寅卯末率相乘爲實，平方開之，得中率辰卯，爲半甲角之正弦。查表得度，倍之即甲角也。

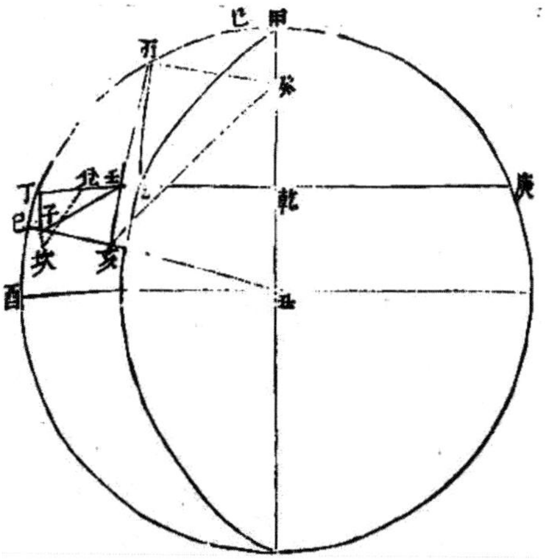

或曰：何以知癸丙亥三角形與丁子壬三角形相似也？曰：凡三角形三邊俱平行，其三角必相等，則爲相似形，而可爲比例。今癸丙亥三角形與丁壬子三角形，其丙癸邊與丁壬邊平行，丙亥邊與丁子邊平行，癸亥邊亦與壬子邊平行，是三邊俱平行，其爲相似形無疑矣。然亦有小邊正弦丙癸小於小邊較弧之正弦丙亥者，則大邊較弧之正弦丁子亦必小於初數壬子，而壬子綫不與癸亥綫平行，如上圖是也。試取丁子之分截壬丁邊於兑，取丁壬之分引丁子邊於坎，又作兑坎綫，成兑丁坎形，則其三邊俱與癸丙亥形平行，而爲相似形矣。然兑丁坎形固與壬子丁形相等也三邊等，則三角必等，則壬丁子形亦必與癸丙亥形爲相似形，又何疑焉？

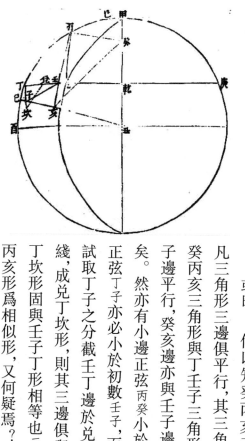

又法原以此爲本法，以前法爲又法，今正之

以角傍兩弧之較，與對弧相加減而半之，各取其正弦相乘。又以角傍兩弧之餘割相乘，以乘兩較弧正弦相乘之數爲實，平方開之，得數以半徑除之，爲半角之正弦。

按：此法即從前法中轉换而出，不過變兩正弦除爲兩餘割乘，又變兩次乘除爲一次乘除也。蓋正弦與半徑之比，原同於半徑與餘割之比，此八綫相當之理也。本宜以餘割乘兩次，今以餘割相乘而後乘之，是變兩次乘爲一次乘也。本宜以丑酉及丑卯兩半徑乘，今因用餘割，變兩半徑乘爲兩半徑除也。本宜以半徑除兩次，然後開方得半角之正弦，今不除，開方得根，而以半徑除一次，其得數同也。但三次疊乘，其數繁重，不如前法爲簡，而反爲本法者，蓋欲示人以繡出之鴛鴦而藏其金針耳。

天元一即借根方解

嘗讀《授時曆草》求弦矢之法，先立天元一爲矢。而元學士李冶所著《測圓海鏡》亦用天元一立算，傳寫魯魚，算式訛舛，殊不易讀。前明唐荆川、顧箬溪兩公互相推重，自謂得此中三昧。荆川之説曰：藝士著書，往往以秘其機爲奇，所謂立天元一云爾，如積求之云爾，漫不省其爲何語。而箬溪則言：細考《測圓海鏡》，如求城徑，即以二百四十爲天元，半徑即以一百二十爲天元。既知其數，何用算爲？似不必立可也。二公之言如此。余於顧説頗不謂然，而無以解也。後供奉内廷，蒙聖祖仁皇帝授以借根方法，且諭曰：西洋人名此書爲阿爾熱八達，譯言東來法也。敬受而讀之，其法神妙，誠算法之指南，而竊疑天元一之術頗與相似。復取《授時曆草》觀之，乃涣如冰釋，殆名異而實同，非徒曰似之已也。夫元時學士著書，臺官治曆，莫非此物，不知何故遂失其傳。猶幸遠人慕化，復得故物。東來之名，彼尚不能忘所自，而明人獨視爲贅疣而欲棄之。噫！好學深思如唐、顧二公猶不能知其意，而淺見寡聞者又何足道哉！何足道哉！

先解借根方法全書入《數理精蘊》中，兹略具數則，以見大意，不過大官一臠耳

借根方法，原名東來法，今名乃譯書者就其法而質言之也。根者綫也，面之界也，體之楞也。凡布算

先借一根爲所求之物，與借衰略相似，借根而并言方者，初入算雖只借根，但根乘根則成平方，根乘平方則成立方，以及屢乘至多乘方，俱所必用，故名之曰借根方法也。

設丁乙二人出本經商，獲利均分，丁用過七百兩，乙用過一百兩，則乙之餘銀三倍於丁，問原分銀若干？

答曰：原各分銀一千兩。

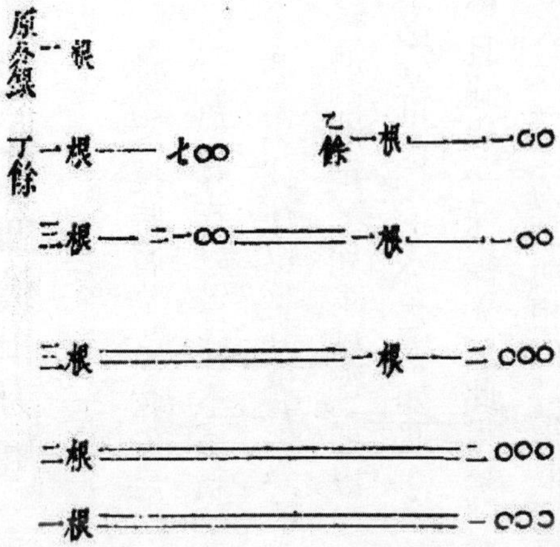

法借一根爲原分銀之數，則丁之餘銀爲一根少七百兩，乙之餘銀爲一根少一百兩，乙之餘銀既三倍於丁，則將丁之餘銀一根少七百兩三倍之，爲三根少二千一百兩，則與乙之餘銀一根少一百兩相等矣。乃加減之，使歸於簡約，兩邊各加二千一百兩，則三根與一根多二千兩爲相等丁三根少二千一百兩，今加二千一百兩，則補足三根之數。乙一根少一百兩，今亦加二千一百兩，以一百兩補足原少之數，仍多二千兩，兩邊各減去一根，則二根與二千兩相等，而一根必爲一千兩，爲原分銀數也。丁分銀一千兩，用去七百兩，則仍餘三百兩。乙分銀一千兩，用去一百兩，則仍餘九百兩，爲丁之三倍也。圖中用號有三種，如丄爲多號，一爲少號，=爲相等號，後仿此。

設有一長方，其長闊和七尺。又有大小二正方，大方等長方之長，小方等長方之闊，三方面積共三十七尺，問長與闊各幾何？

答曰：長四尺，闊三尺。

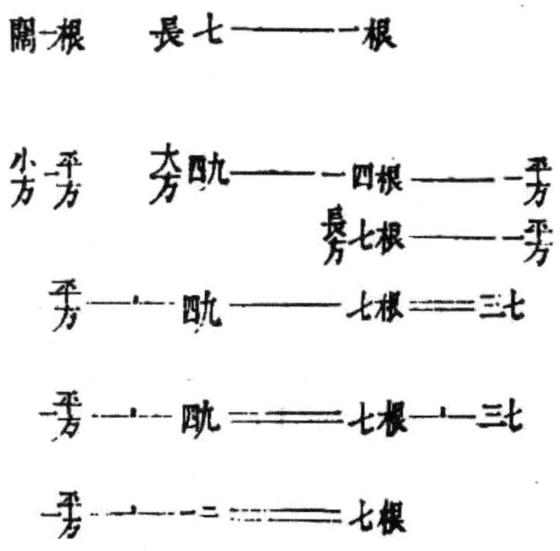

法借一根爲長方之闊，則長方之長爲七尺少一根，以一根自乘得一平方，爲小方面積。以七尺少一根自乘，得四十九尺少十四根多一平方凡少與少乘，多與多乘，得數皆爲多。若少與多乘，多與少乘，得數皆爲少，後仿此，爲大方面積。以一根與七尺少一根相乘，得七根少一平方，爲長方面積。三面積相加，得一平方多四十九尺少七根，與三十七尺相等。兩邊各加七根，得一平方多四十九尺，與七根多三十七尺相等。兩邊各減三十七尺，得一平方多十二尺，與七根相等。乃以十二尺爲實，七根作七尺爲長闊和，用和縱平方開之，得闊三尺，闊減和，餘四尺爲長，合問。

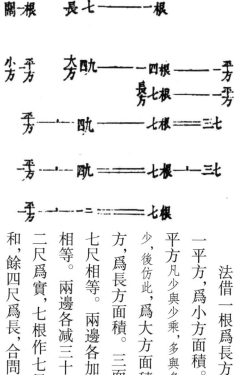

《授時曆》立天元一求矢術以借根方法解之

設黄道出入赤道二十四度求矢

草曰：立天元一爲矢即如借一根爲矢也，自之，二因爲二矢冪‖即如根乘根爲平方，二因得二平方也，以圓徑一百二十一度七十五分除之爲弦背差原注今不除，有圓徑母蓋矢冪不滿法，故不除也。有圓徑母者，用圓徑爲分母，即以二矢冪爲分子也，母減背，應作母乘背，四十八度爲弦

是爲五千八百四十四少二平方也。背弦差爲一百二十一度七十五分平方之二，以減弧背四十八度，則爲四十八度少一百二十一度七十五分平方之二爲弦。今皆以母乘之，以母乘背，得五千八百四十四以母乘分子之二，得二平方，即爲五千八百四十四少二平方爲弦，故不曰差減背，而曰母乘背也。自之爲弦冪式，

是爲三四一五二三三六，少平方二三三七六，少三乘方四也。有圓徑母自之在内原本落『在内』二字，又爲徑冪乘弦冪，寄左背内減差自乘爲弦冪，今以徑乘背而自乘之，即如以弦自乘而復以徑冪乘之，故曰有圓徑母自之在内，又爲徑冪乘弦冪也。又以矢減徑即爲一百二十一度七十五分少一根，以

矢乘之以一根乘之也，四因爲弦冪式是爲四百八十七根少四平方也，以徑冪乘之，得是爲七百二十一萬八千八百三十一根四三七五，少平方五萬九千二百九十二二五。亦爲徑冪乘弦冪，與左相消原本落『相消』二字，得是爲三千四百一十五萬二千三百三十六，與七百二十一萬八千八百三十一根四三七五少平方三萬五千九百一十六二五少三乘方四爲相等。三乘方開之宜云帶縱三乘方開之，得四度八十四分八十二秒即一根之數爲矢度以上並依《曆草》原文而加注也。

附開帶縱三乘方簡法

以三四一五二三三六爲實，以根方數爲縱，約四度爲初商，與根數相乘，得二八八七五三二五七五，爲根數。又以四自乘，得十六，以平方數乘之，得五七四六六〇爲平方共積。又以四再自乘，得二百五十六，以四因之，得一〇二四爲三乘方共積。與平方共積相併，得五七五六八四，與根積相減，餘二八二九九六四一七五，爲初商應減數，以減原實，餘五八五二六九四二五，爲次商實。

次商八十分，合初商爲四八，以乘根數，得三四六五〇三九〇九。又以四八自乘以乘平方數，得八二七五一〇四〇，爲平方共積。又以四八再自乘而四之三乘方數，得二一一二三三六六四，爲三乘方共積，與平方共積相加，得八二九六三三七六六四，與根積相減，餘三三八二〇七五七一三三六，爲初次兩商應減數，以減原實，餘三三一五七八八六六四，爲三商實。三商以後，皆仿此開之。

論曰：此以背乘徑又自乘之爲實，四因徑以乘徑冪爲縱。置四因徑冪，四因徑以減之，餘爲負廉，四爲負隅，用減積三乘方開之也。若以商數自乘以乘負廉，又以商數再自乘以乘負隅，併負廉負隅以益實，乃以商數乘縱而除實，所得亦同。

餘句餘股求容圓徑用借根方解《測圓海鏡》立天元一之法

或問：出西門南行四百八十步有樹，出北門東行二百步見之，問城徑幾步？

答曰：城徑二百四十步。

法曰：以二行步相乘爲實，二行步相併爲從二步，常法得半徑。

草曰：立天元一爲半徑，置南行步天西在地，内減天元半徑坤西，得爲股圓差天坤，即餘股也。

又置東行步在地北地，内減天元北艮得下式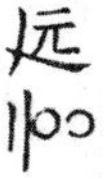，爲句圓差艮地，即餘句也，以句圓差乘股圓差，得蓋乘得一天元冪，少六百八十天元，又九萬六千步，爲半段黄方冪，即城徑冪之半也寄左。又置天元冪倍之，得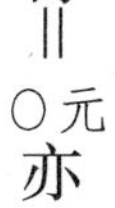亦爲半段黄方冪，與左相消，得蓋左右各消去一天元冪，則右餘一天元冪，與左餘九萬六千少六百八十根相等也。如法開之，得城半徑倍之，得城徑，合問。

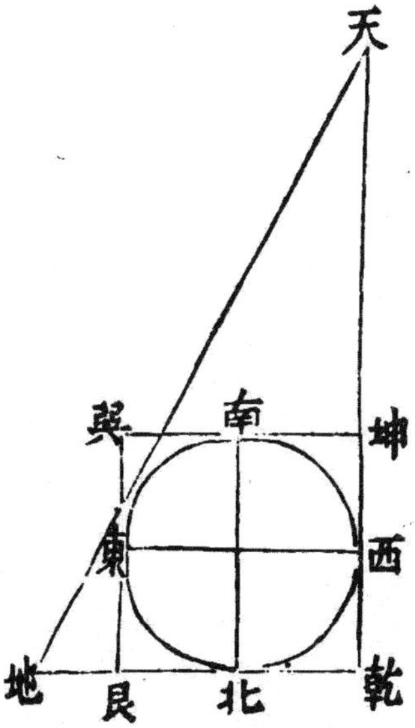

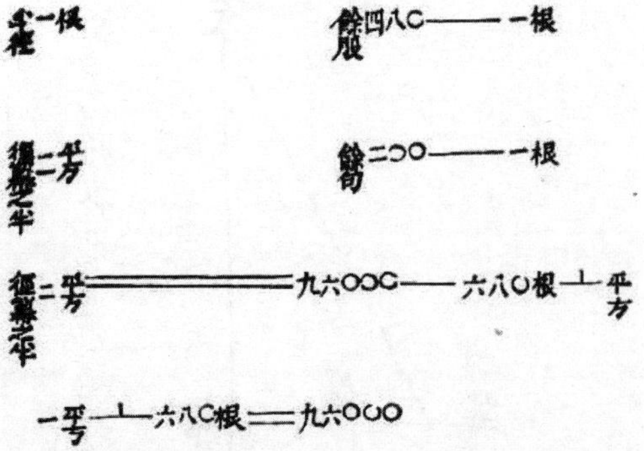

右《測圓海鏡》中一則也。原書算式訛舛，今爲改正，略加註釋，稍覺明白。其所謂減天元半徑及天元相乘皆虛數，並非先知半徑實數用以乘減，如顧箬溪之所云者，試以借根方法求之，其理更明。

借一根爲半徑，於南行步内減去半徑，得四百八十步少一根爲餘股，於東行步内減去半徑，得二百步少一根爲餘句。兩數相乘，得九萬六千步，少六百八十根，多一平方，爲城徑冪之半存之。又置一根自乘，倍之得二平方，亦爲城徑冪之半，與存之之數爲相等。乃加減之，兩邊各減一平方，各加六百八十根，得一平方多六百八十根，與九萬六千步爲相等，乃以九萬六千爲實，六百八十爲縱，用帶縱平方開之，得一百二十步爲一根之數，即城之半徑也。

三角形用弦較句總求中垂綫 用借根方解《四元玉鑑》立天元一如積求之之法

今有方池一所，每面丈四方停。葭生西岸長其形，出水三十寸整。東岸蒲生一種，水上一尺無零。葭蒲梢接水齊平，借問三般怎定？答曰：水深十二尺，葭長十五尺，蒲長十三尺。

術曰：立天元一爲水深，如積求之，得二千一百六十爲正實，一百九十二爲益方，一爲正隅，平方開之，合問。

又立天元一爲蒲長，如積求之，得二千三百五十三爲正實，一百九十四爲益方，一爲正隅，平方開之，合問。

又立天元一爲葭長，如積求之，得二千七百四十五爲正實，一百九十八爲益方，一爲從隅，平方開之，合問。

右《四元玉鑑》中一則也。藏匿根數，微露端倪，所謂秘其機以爲奇，惟恐緘縢之不密，或泄其金針，誠有如荆川之所云者。今以借根方攻之，其堅立破，倘荆川復生，定當擊碎唾壺也。

此法葭蒲兩梢相接，成三角形，池寬爲底，蒲爲小腰，葭爲大腰，水深爲中長綫，分爲大小兩句股，用借根方法求之。

法借一根爲水深如股，自乘得一平方爲股冪。葭出水三尺，即爲一根多三尺如大弦，自乘得一平方，多六根，多九尺，爲大弦幂。內減去股幂一平方，餘六根多九尺爲大句幂。蒲出水一尺，即爲一根多一尺如小弦，自乘得一平方，多二根，多一尺，爲小弦幂。內減去股幂一平方，餘二根多一尺爲小句幂。大小兩句幂相乘，得十二平方，多二十四根，多九尺存之。　又以池寬一十四尺如句總自乘，得一百九十六尺，內減去大小兩句幂，餘一百八十六尺，少八根，半之得九十三尺，少四根，爲小句乘大句面幂，自乘得十六平方，少七百四十四根，多八千六百四十九尺，此數與前存之之數即兩句幂相乘數爲相等。乃加減之，兩邊各減十二平方及九尺，又各加七百

四十四根，則爲四平方多八千六百四十，與七百六十八根爲相等，各取四之一，則一平方多二千一百六十尺，與一百九十二根爲相等。乃以二千一百六十爲實，以一百九十二爲長闊和，用減縱捷法算之，以一百九十二折半，得九十六爲半和，自乘得九千二百一十六，與二千一百六十相減，餘七千零五十六，平方開之，得八十四尺爲半較，與九十六尺相減，餘十二尺爲一根之數，即水深也。　加一尺，得十三尺爲蒲長，再加二尺，得十五尺爲葭長。

試先求葭，則借一根爲葭長，自乘得一平方，爲大弦幂。　葭出水三尺，即水深爲一根少三尺，自乘得一平方，少六根多九尺爲股幂，以減大弦幂，餘六根少九尺爲大句幂，蒲比葭短二尺，則爲一根少二尺，自乘得一平方，少四根多四尺爲小弦幂，內減股幂，餘二根少五尺爲小句幂。　大小兩句幂相乘，得十二平方，少四十八根，多四十五尺存之。　又以池寬十四尺自乘，得一百九十六尺，內減去大小兩句幂，餘二百一

十尺少八根，半之得一百〇五尺少四根，自之，得十六平方，少八百四十根，多一萬一千〇二十五尺，此數與前存之之數爲相等。乃加減之，兩邊各減去十二平方及四十五尺，又各加八百四十根，則爲四平方多一萬零九百八十尺，與七百九十二根爲相等，各取四之一，則爲一平方多二千七百四十五尺，與一百九十八根相等，乃以二千七百四十五爲實，以一百九十八爲長闊和，用減縱法開之，得十五尺爲一根之數，即葭長也。

按：先求葭長與先求水深，其法無二，而《四元玉鑑》於前法則云一爲正隅，後法則云一爲從隅，故異其詞，殆亦欲秘其機之意耳。

又按：《測圓海鏡》一書，前立圖解，條分縷晰，觀其自序，不計人之憫笑，而惟求自得於心，似非有意秘惜者。但其細草不將加減乘除之數寫出，而惟以號式代之，在當下非不明顯，無如傳寫失真，竟至不可思議，然著書時初未計及於此也。荆川乃等諸《四元玉鏡》之秘其機緘，與藝士同譏，過矣。

有弦與積求句股用借根方解《四元玉鑑》法

今有直田一畝足，正向中間生竿竹，四角至竹各十三，借問四事原數目。答曰：闊十步，長二十四步。

術曰：立天元一爲闊，如積求之，得五萬七千六百爲益實，六百七十六爲縱上廉，一爲益隅，三乘方開之，得闊。

又立天元一爲長，如積求之，得五萬七千六百爲正實，六百七十六爲益上廉，一爲正隅，三乘方開之，得長。

又立天元一爲和，如積求之，得一千一百五十六爲益實，一爲正隅，平方開之，得和。

又立天元一爲較，如積求之，得一百九十六爲正實，一爲負隅，平方開之，得較。

論曰：以自角至竹十三步，倍之得二十六步，爲直田對角斜綫，剖直田爲二句股形，以斜綫爲弦，田闊爲句，田長爲股，以一畝化二百四十步爲句股倍積，用借根方法求之。

法借一根爲句，自乘得一平方爲句實。以弦自乘，得六百七十六爲弦實，弦實内减句實一平方，餘六百七十六少一平方爲股實，以句實乘股實，得六百七十六平方，少一三乘方存之。又以倍積二百四十步自乘，得五萬七千六百，與存之之數爲相等。乃以五萬七千六百爲正實，六百七十六平方爲從廉，一三乘方爲負隅，用負隅益積三乘方開之，得十步爲一根之數，自乘得一百步爲一平方實，以乘平方數得六萬七千六百，大於原實。又以平方實自乘，得一萬，爲三乘方以益實，共六萬七千六百，與平方數相當，減盡，得句十步，合問。

解曰：此以倍積自乘成長立方形，以句自乘數爲底，以股自乘數爲長。今不知股數，而以弦自乘數爲長，實比股自乘數多一百，則比原積倍積自乘數多一百平方。夫一百平方者，即一三乘方也，故以三乘方爲負隅以益積，而相減恰盡也。

若借一根爲股，則先得股，其法與求句無異，其倍積自乘之形，亦成長立方。但以股自乘得五百七十六爲底，而以句自乘之一百爲長。今不知句數，而以弦自乘之六百七十六爲長，則比原積多五百七十六平方。夫五百七十六平方者，即一三乘方積也，故以三乘方爲負隅以益積，而減積必盡也。

按：求句求股，法與數俱無異。而《四元玉鑑》於求句，則云爲益實，爲從上廉，爲益隅；於求股，則云爲正實，爲益上廉，爲正隅。其詞迴異，豈求闊求長，其開之之法果有別乎？雖然，同一積實，同一廉隅，而或先得闊，或先得長，其法雖巧，而商數不易，固不如先求和較之爲簡捷也。

又按：求和較之法：以倍倍積與弦實相加，得一千一百五十六，開方得和；以倍倍積與弦實相減，得一百九十六，開方得較。此了不異人意，然於求和則云爲益實，爲正隅，於求較則云爲正實，爲負隅，何以參差如此乎？殆將故異其詞以自秘乎？抑傳寫之失其真耶？觀於此，則求闊求長之異其詞，大抵類此，可不必深求矣。

圓田截積解《算法統宗》法

設圓田徑十步，截弧矢積十步，問弦矢。

答曰：矢二步，弦八步。

法曰：倍積自乘，得四百步爲實。四因積，得四十步爲上廉。四因徑，得四十步爲泛下廉。五爲負隅，用開三乘法除之，商二步，副置三位。一乘上廉，得八十步爲上廉法。一乘負隅，得十步以減泛下廉，餘三十步爲定下廉。一自乘，得四步以乘定下廉，得一百二十步爲下廉法。併上下廉法，共二百步爲下法，復以商數二步乘下法得四百步，除實恰盡。即定二步爲矢，以矢除倍積得十步，減矢二步，餘八步爲弦，合問。

論曰：弧矢截積之法，雖不合於密率，然施之方田諸務，已儘足用。乃算學名家多辯其非，并疑其開三乘方法爲牽合，殆由於不知三乘方之形狀，并不知倍積自乘之形狀耳。夫三乘方者，帶一縱之長立方也。因其縱與方根數相符，如幾立方相接，故謂之三乘方，而不得謂之帶縱立方凡三乘方之方根二者，爲兩立方相接，根三者爲三立方相接，根四以上俱仿此，若其縱再長，過於方根之數如根二者縱過於二，根三者縱過於三之類，則謂之帶縱三乘方矣。此倍積自乘，成方柱形，以矢自乘爲底，矢徑和自乘爲高。今不知弦矢數，故借積徑爲廉法以求之，乃負隅減縱開三乘方法，其上廉下廉負隅，皆有形可指，有數可稽，並非牽强偶合之術也。如圖，甲戊長柱形，其積四百，即倍積自乘之數，矢自乘四步如庚戊爲底，弦矢和自乘百步如甲庚爲高。四因積得四十爲上廉如甲辛，以矢乘之如甲乙面，再以矢乘之，即成甲辛乙丑長立方。又四因徑得四十爲泛下廉，如辛丙，矢乘負隅得十如癸丙，以減辛丙，餘辛癸爲定下廉，以矢自乘以乘之，成辛癸丁長立方，再以矢乘之，成辛丁長立方者二如辛庚戊，故減積恰盡也。試以借根方法算之。

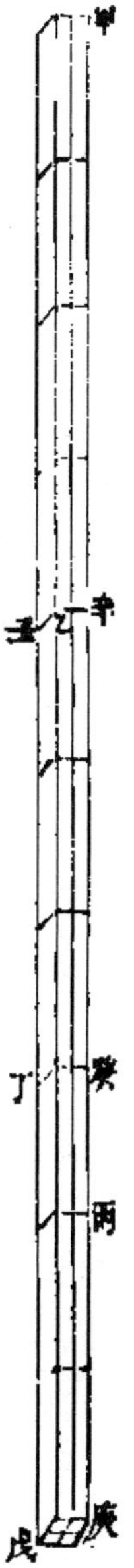

法借一根爲矢，於倍積内減矢冪一平方，得二十步少一平方爲矢乘弦冪，自之得四百步，少四十平方，多一三乘方，爲矢冪乘弦冪之數存之。又以矢徑相減相乘，四因之，得四十根，少四平方爲弦冪。又以矢冪一平方乘之，得四十立方，少四三乘方，與前存之數爲相等。兩邊各加四十平方，減去一三乘方，則爲四十立方，多四十平方，少五三乘方，與四百步相等也。乃用帶縱負隅三乘方法開之，商二步爲矢，再自乘五因之，得八十爲五三乘方以益積，得四百八十步爲實，以二步自乘以乘平方數，得一百六十，以二步再乘以乘立方數，得三百二十，併之得四百八十，減積恰盡。

解曰：如前圖，甲辛丑者，四十平方積也。辛庚戊者，三十立方積也。今須減四十立方積，是原積内負十立方積，亦即五三乘方積方根二者，一三乘方爲兩立方也。故用五三乘方以益積而後減之也。

又論曰：借根方用益積法，而《統宗》用減縱法，其理無二，何也？四十平方者上廉也，四十立方者下廉也，五三乘方者負隅也。原實内負五三乘方數者，因下廉内多十立方數也。故以商數乘負隅得十，於下廉内減去，則餘三十立方與原實等，故減積恰盡也。

有句股積有股弦和求諸數用減縱翻積開三乘方

設句股積五百四十尺，股弦和九十六尺，問句股弦。

答曰：　股四十五尺，句二十四尺，弦五十一尺。

法倍句股積而自之，得一百十六萬六千四百尺，爲帶縱三乘方實，實有七位，應有次商，以股弦和九十六尺爲上廉。又爲下廉，以二爲負隅。初商四十，以負隅二乘之，得八十，以減下廉九十六，餘十六。以乘初商自乘之一千六百，得二萬五千六百，乃以上廉九十六乘之，得二百四十五萬七千六百，大於原實，翻以原實減之，餘一百二十九萬一千二百爲翻積，以待次商。

次商五，以負隅二乘之，得一十，以減下廉十六，餘六。另倍初商併次商得八十五，以次商五乘之，得四百二十五，以下廉減餘六乘之，得二千五百五十，存之。另倍次商，以初商乘之，得四百，再乘得一萬六千，大於存數，翻以存數減之，餘一萬三千四百五十，乃以上廉九十六乘之，得一百二十九萬一千二百，以減翻積恰盡，開得股四十五尺，既得股，則句弦俱得矣。

論曰：　有句股積，及股弦和較，或句弦和較，求句股，向無其法。昔在蒙養齋彙編《數理精藴》，苦思力索，知其須用帶縱立方。因立法四條，載入體部中。偶與門生丁維烈言：　有句股積，及股弦和，或句弦和，須用帶和縱立方，其商數甚不易得，爾試思之，或别有御之之法乎？　丁生遂思得此術以應，因其頗能深入，故附載之，然其商數仍不易得也。

解曰：股上方以股弦較乘之，再以股弦和乘之，與倍積自乘之數等。夫股自乘成一平方，又以較乘之，即成扁立方。其長闊皆如股，其高如較，再以和九十六乘之，爲九十六個扁立方。合之，成一大高立方，其長闊仍俱如股，其高如九十六較，而較數不可知，故以倍積自乘爲實，和數爲縱，用減縱三乘方法開之而得股也。

貴賤差分別法正《算法統宗》之誤

今有狐鵰不知數，狐一頭九尾，鵰一尾九頭，只云前有七十二頭，後有八十八尾，問狐鵰各幾何？答曰：九狐七鵰。

原法置總頭總尾相減，餘十六，是二物共數。以尾九因之，得一百四十四，内減總尾八十八，餘五十六爲實。另以尾九内減一頭，餘八爲法，除實，得七爲鵰數，以減共數十六，餘九爲狐數。

論曰：以總頭總尾相減得共數，乃偶合耳，非通法也。試加一狐，則總數爲十七，而總頭七十三，總尾九十七，相減餘二十四，於共數多七。若加一鵰，則總頭八十一，總尾八十九，相減餘八，於共數又少九，故曰偶合也。然則此頭尾減餘之數爲虚數乎？曰：非也，乃狐多於鵰之較數也。以兩物之頭相較，而鵰多八頭，以尾相較，則狐多八尾。故以頭尾總數相減，若餘八頭則多一鵰，餘八尾則多一狐。由此言之，今所餘者尾數也，故知其爲狐多於鵰之較也。而御之則有二法。置總頭七十二，以九尾通之爲六百四十八，内減總尾八十八，餘五百六十爲實。又以兩尾相減，餘八尾爲法除之，得七十爲鵰之頭尾共數。退位得七鵰，置總頭七十二，減去鵰頭六十三，餘九爲狐，此貴賤差分本法也。又法：併總頭尾得一百六十，退位得十六爲兩物共數一物之頭尾共十，故退位即爲兩物共數也。又以總頭尾相減，餘十六尾爲實，以狐之頭尾相減，餘八尾總數尾多於頭，是狐多於鵰也，故以狐之頭尾相減爲法，除之得二狐，爲狐多於鵰之較，以減共數十六，餘十四，折半得七爲鵰，鵰加二得九爲狐也。

求周徑密率捷法 譯西士杜德美法

割圓舊術，屢求句股，至精至密，但開數十位之方，非旬日不能辦。今以圓内六等邊別立乘除之數以求之，得之頃刻，與屢求句股者無異，故稱捷法焉。

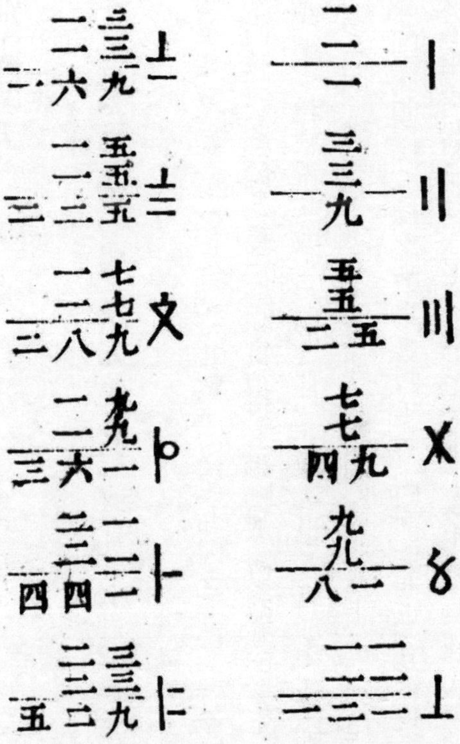

先將一三五七九等數各自乘爲屢次乘數。

如一自乘仍得一，爲第一乘數，三自乘得九，爲第二乘數，以至二十三自乘，得五百二十九爲第十二乘數。

又將二三四五六七八九等數以挨次兩位相乘，又以四乘之，爲屢次除數。

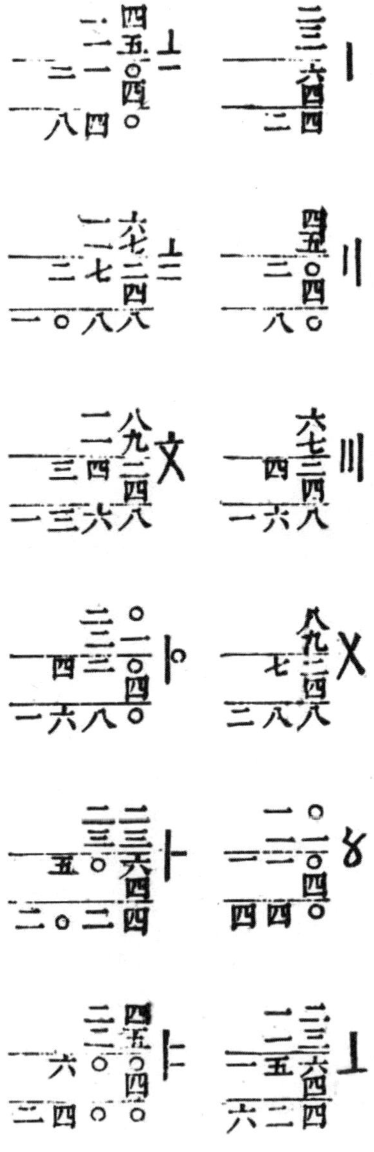

如二三相乘得六，以四乘之，得二十四爲第一除數。四五相乘得二十，以四乘之，得八十爲第二除數。以至二十四與二十五相乘，得六百，以四乘之，得二千四百爲第十二除數。

設徑二十億求周徑位愈多，尾數愈密，兹以十位爲例。

法以徑二十億三因之，得六十億即圓內六邊形，爲第一數爲實，以第一乘數乘之一乘其數不變，第一除

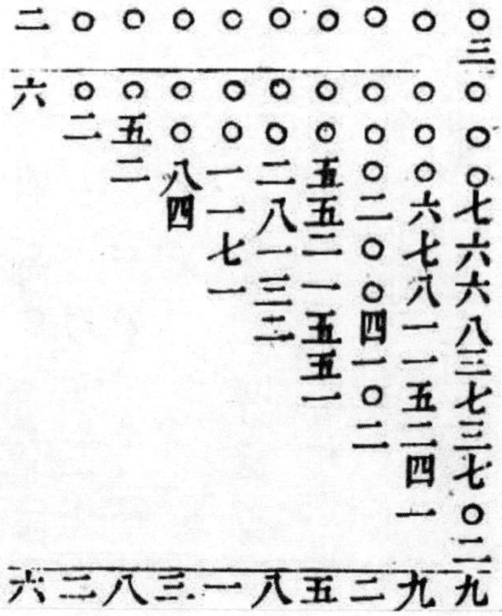

數二十四除之，得二五〇〇〇〇〇〇〇爲第二數，又爲實。以第二乘數乘之，第二除數八十除之，得二八一二五〇〇〇爲第三數。累次乘除，至所得數只一位爲止去單位以下之零數不用，乃併之，得六二八三一八五二九九，即所求徑二十億之周率也。

論曰：乘除俱至單位止。今設十位之徑，須乘除十二次始至單位，若位數多，則所用乘除之數必須按位增加也。

弧綫表

度	〡	〢	〣	〤	〥	〦	〧	〨	〩	〡〇	〡一	〡二	〡三	〡〤	〡〥	〡〦
一			一	七	四	五	三	二	九	二	五	一	九	九	四	三
二			三	四	九	〇	六	五	八	五	〇	三	九	八	八	六
三			五	二	三	五	九	八	七	七	五	五	九	八	二	九
四			六	九	八	一	三	一	七	〇	〇	七	九	七	七	三
五			八	七	二	六	六	四	六	二	五	九	九	七	一	六
六		一	〇	四	七	一	九	七	五	五	一	一	九	六	五	九
七		一	二	二	一	七	三	〇	四	七	六	三	九	六	〇	三
八		一	三	九	六	二	六	三	四	〇	一	五	九	五	五	六
九		一	五	七	〇	七	九	六	三	二	六	七	九	四	八	九
十		一	七	四	五	三	二	九	二	五	一	九	九	四	三	二
分																
一					二	九	〇	八	八	八	二	〇	八	六	六	五
二					五	八	一	七	七	六	四	一	七	三	二	〇
三					八	七	二	六	六	四	六	二	五	九	九	五
四				一	一	六	三	五	五	二	八	三	四	六	六	一
五				一	四	五	四	四	四	一	〇	四	三	三	二	六
六				一	七	四	五	三	二	九	二	五	一	九	九	一
七				二	〇	三	六	三	一	七	四	六	〇	六	五	七
八				二	三	二	七	一	〇	五	六	六	九	三	二	二
九				二	六	一	七	九	九	三	八	七	七	九	八	七
十				二	九	〇	八	八	八	二	〇	八	六	六	五	三
秒																
一							四	八	四	八	一	三	六	八	一	一
二							九	六	九	六	二	七	三	六	二	二
三						一	四	五	四	四	四	一	〇	四	三	三
四						一	九	三	九	二	五	四	七	二	四	四
五						二	四	二	四	〇	六	八	四	〇	五	五
六						二	九	〇	八	八	八	〇	二	八	六	六
七						三	三	九	三	六	九	五	七	六	七	七
八						三	八	七	八	五	〇	九	四	四	八	八
九						四	三	六	三	三	二	三	一	二	九	九
十						四	八	四	八	一	三	六	八	一	一	[illegible]
九十度	一	五	七	〇	七	九	六	三	二	六	七	九	四	八	九	六

立表之法

置全周密率爲實，以三百六十度除之，得每度之弧綫，屢加之至十度。又置一度之弧綫爲實，以六十分除之，得一分之弧綫，屢加之至十分。又置一分之弧綫爲實，以六十秒除之，得一秒之弧綫，屢加之至十秒。表而列之，爲求弦矢之用。

求弦矢捷法

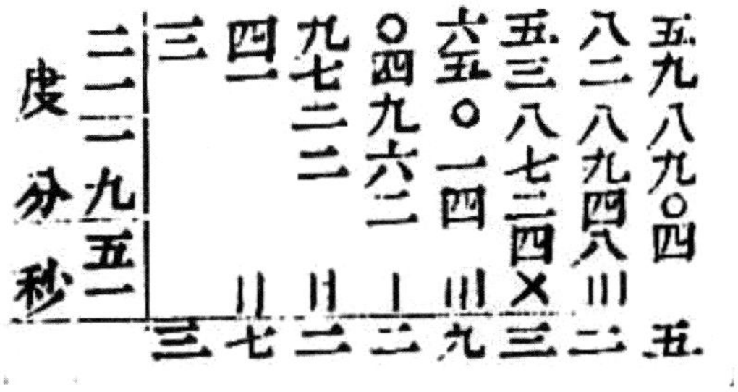

弧矢割圓之術，有弧背即可求弦矢，然非密率。《大測》割圓之法，理精數密，然不能隨度以求弦矢。今任設畸零之弧分，度不必符乎六宗，法不必依乎三要，而弦矢可得。且與密率無殊焉，斯誠術之奇而捷者也。

設弧二十一度十九分五十一秒半徑八位，求其正弦。

法於弧綫表内取二十一度十七分五十一秒之弧綫而併之，得三七二二九三二五因半徑八位，故弧綫亦只用八位，爲設弧之共分。自乘得一三八六〇二二二六亦只用八位爲屢乘數。

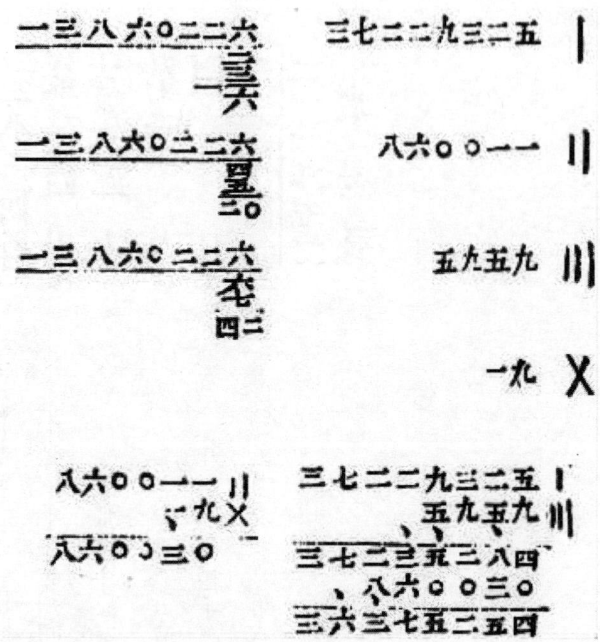

又以二三四五六七之六數相挨，兩兩相乘爲除數如二三相乘得六爲第一除數，四五相乘得二十爲第二除數，六七相乘得四十二爲第三除數。即用設弧共分爲第一得數，復爲實。以屢乘數乘之凡乘出之數，截去末八位，後仿此，第一除數六除之，得八六〇〇一一爲第二得數，又爲實。以屢乘數乘之，第二除數二十除之，得五九五九，爲第三得數，又爲實。以屢乘數乘之，第三除數四十二除之，得一九，爲第四得數。乃以第一得數與第三得數相併，又以第二得數與第四得數相併，末以後併數減先併數，餘三六三七五二五四，截去末一位，即所求之正弦也凡正弦俱小於半徑，入算時多用一位以齊尾數，故得數後亦截去一位也。後仿此。

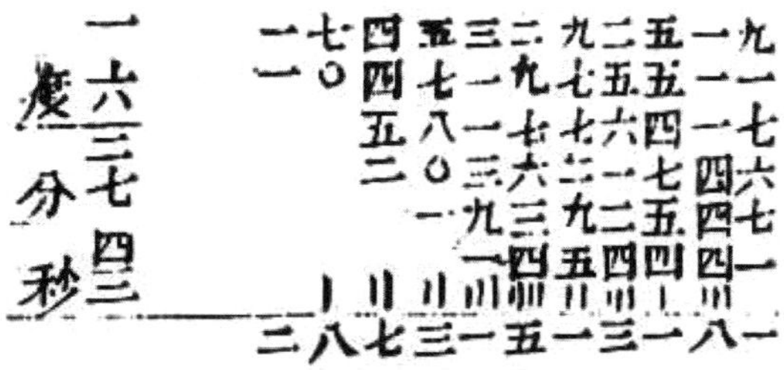

設弧十六度二十七分四十三秒半徑九位，求其正弦。

法取設弧度分秒之弧綫而併之，得二八七三一五一三二因半徑九位，故弧綫亦用九位，爲設弧之共分，自乘得八二五四九九八五〇爲屢乘數。又用二三相乘之六爲第一除數，四五相乘之二十爲第二除數，六七相乘之四十二爲第三除數，即用設弧共分爲第一得數，復爲實。以屢乘數乘之，第一除數六除之，得三九五二九七六，爲第二得數，又爲實。以屢乘數乘之，第二除數二十除之，得一六三一五，爲第三得數，又爲實。以屢乘數乘之，第三除數四十二除之，得三二一，爲第四得數。乃以第一得數與第三得數相併，又以第二得數與第四得數相併，復以後併數減先併數，餘二八三三七八四三九，截去末一位，即所求之正弦也。

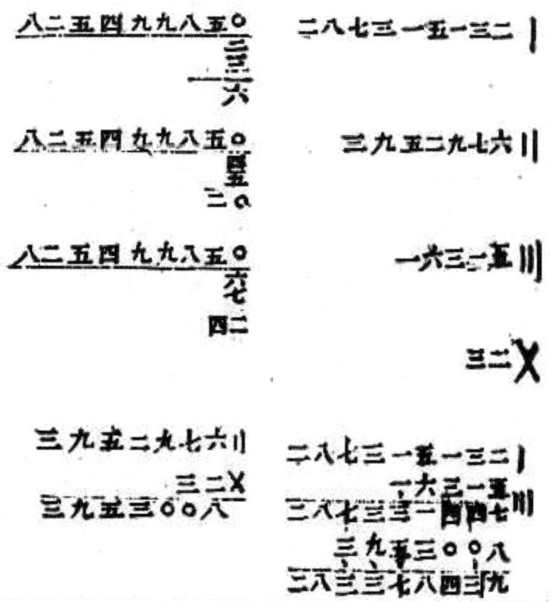

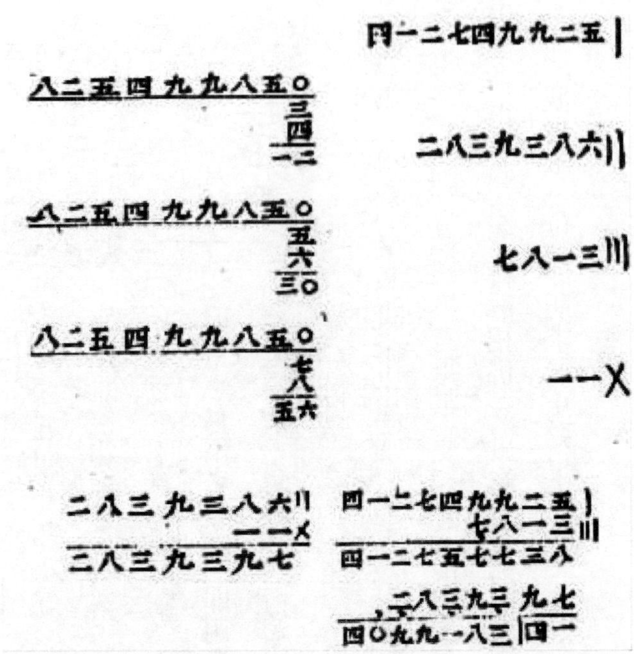

如求正矢。法以設弧共分自乘之八二五四九九八五〇爲屢乘數。又以三四相乘之十二爲第一除數，五六相乘之三十爲第二除數，七八相乘之五十六爲第三除數。乃以屢乘數折半爲第一得數，爲實，以屢乘數乘之，第一除數十二除之，得二八三九三八六爲第二得數，又爲實。以屢乘數乘之，第二除數三十除之，得七八一三爲第三得數，又爲實。以屢乘數乘之，第三除數五十六除之，得一一爲第四得數。於是以第一得數與第三得數相併，以第二與第四相併，復以兩併數相減，得四〇九九一八三四一，截去末二位，即所求之正矢也。以正矢減半徑，得九五九〇〇八一七，即設弧之餘弦，亦即餘弧七十三度三十二分十七秒之正弦。

如設弧過四十五度以上者，先求得餘弧之正矢，以減半徑，即得設弧之正弦也。

求理分中末綫并圓内各體邊綫法以量代算

設乙丙圓徑求諸綫。

法取乙丙圓徑度，作甲乙綫爲股，半徑乙子爲句，作甲子綫爲弦。於甲子弦内減去丁子半徑，餘甲丁。又取甲丁度，截甲乙綫於寅，即成理分中末綫。甲乙爲全分，甲寅爲大分，寅乙爲小分。

從寅至丙作綫，割圓周於卯，乃作卯乙綫，即渾圓内容十二等面體之邊綫也。

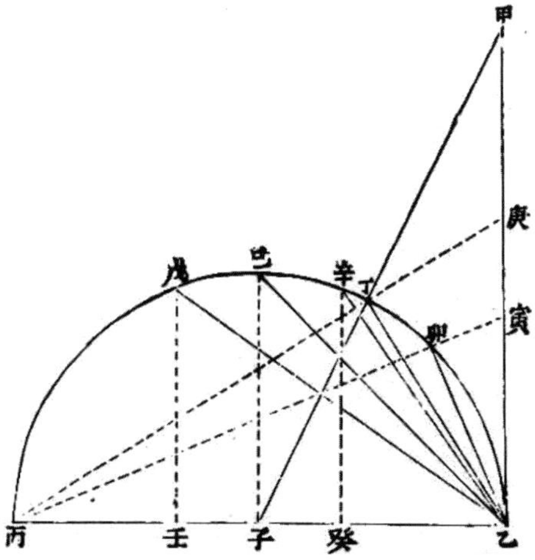

又截甲乙全分於庚，使庚乙與甲寅大分等。從庚至丙作綫，割圓周於丁即甲子弦割圓周處，乃作丁乙綫，即渾圓内容二十等面體之邊綫也。

又從圓心子作垂綫，割圓周於己，乃作己乙綫，即渾圓内容八等面體之邊綫也。

又取圓徑三之一如癸乙，於癸作垂綫，割圓周於辛，乃作辛乙綫，即渾圓内容六等面體之邊綫也六等面即立方。

又取圓徑三之二如乙壬，從壬作垂綫割圓周於戊，乃作戊乙綫，即渾圓内容四等面體之邊綫也。

以數明之

甲乙全分　一二〇〇〇〇〇　乙丙圓徑同
甲寅大分　七四一六四〇七　庚乙同
寅乙小分　四五八三五九三
乙卯十二等面　四二八一八六五
丁乙二十等面　六三〇八七七三
辛乙六等面　六九二八二〇三
己乙八等面　八四八五二八一
戊乙四等面　九七九七九五八

以算術解之

求理分中末綫之法，以全分爲股如甲乙，全分之半爲句如乙子，用句股求弦術得弦如甲子，弦内減去句如丁子即乙子，餘爲大分如甲丁，於全分内減去大分截甲寅與甲丁等，餘爲小分也如寅乙。觀圖自明。

求渾圓内十二面體之法，以圓徑爲股如乙丙，小分爲句如寅乙，求得弦如寅丙爲一率，小分寅乙爲二率，圓徑乙丙爲三率，求得四率爲十二面體之邊乙卯。此蓋用寅乙丙及卯乙丙兩同式句股形，各用其弦與句爲比例也。求二十面體之法與此同，惟用大分爲句耳。餘詳《數理精蘊》暨《幾何補編》。

求渾圓内六等面即立方、八等面、四等面各體之法，俱以圓徑冪爲用，如六等面則取徑冪三之一，八等面取徑冪二之一，四等面取徑冪三之二，俱以平方開之，得各體之邊也。餘詳《數理精蘊》。

操縵卮言　目録

《周官》答問答三禮館總裁

來札云：　極知公事無暇，而有不得不請教者。將來此書必列公同訂，即不然，某亦自爲記説，使天下後世知公能承家學，爲吾黨所仰重也。送去《大司徒》一册，案語中有某所未講者，望詳爲勘定，必義理確實，辭句簡明，方可入經解，幸不吝删改爲禱。

詳看案語，惟『景朝景夕』及『地中』二則甚妥。『土深』一條，未見王氏説，不敢妄議。『四遊』條謂衡岳日中無影，及日影千里差一寸之説，俱不確，謹另擬請正。

地體渾圓，居天中亘古不動，天以南北兩極爲樞紐，赤道横帶天腰，距兩極適均，日行黄道，出入於赤道之南北，冬至出赤道南，故距地近，夏至入赤道北，故距地遠，而星辰距地則四時皆等也。四遊之説，謂地與星辰升降於三萬里中，又謂日影於地千里而差一寸，其説皆不可通。蓋地惟至静，故能載萬物，必無升降之理，觀星辰距地無四時遠近之殊可見。至於日至之影，其南北長短之差，漸次增減，不可以千里一寸限也。鄭、賈未解地圓之理，故引無根之説如此。

來札云：《馮相》一册，望撥冗爲詳訂其是非，若能代作駁案語更感。將來入鄙集中，仍一一揭公姓字，不敢掠美也。

馮相氏掌十有二歲、十有二月、十有二辰、十日、二十有八星之位，辨其序事，以會天位。

賈疏：　歲星爲陽，右行於天，一歲移一辰，又分前辰爲一百三十四分而侵一分，則一百四十四年而跳一辰，十二歲一小周，一年移一辰故也；　千七百二十八年一大周，十二跳帀故也。〔一〕

按：　賈疏言歲星百四十四年而跳一辰，則每辰應分百四十四分，其言百三十四分者誤也。　又按《時憲書》，歲星每年平行一辰又八十七分辰之一，計八十七年有零而跳一辰，千四十六年零而一大周，與賈疏數懸遠。總之，古説疏闊，大概如此，不獨歲星，無足怪也。

鄭注：　會天位者，合此歲日月辰星宿五者以爲時事之候，若今曆日太歲在某月某日某甲朔日直某也，《國語》『王合位於三五』，蓋由此術云。〔二〕

賈疏：　王合位於三五者，謂武王伐紂之時，歲在鶉火，月在天駟，日在析木之津，辰在斗柄，星在天元，引之者證經五者各於其位。〔三〕　易氏祓曰：　按武王伐殷，以十一月二十八日戊子，於夏爲十月，是時歲在張，故曰鶉火，月行至房，房爲駟，故曰天駟，日行至箕，故曰析木，後三日爲周正辛卯朔日，

〔一〕東漢鄭玄注，唐賈公彦疏《周禮注疏》卷二十六《春官宗伯·馮相氏》，清嘉慶二十年阮元校刻《十三經注疏》本。

〔二〕〔三〕東漢鄭玄注，唐賈公彦疏《周禮注疏》卷二十六《春官宗伯·馮相氏》。

月會於斗，故曰斗柄，是日辰星，始見於玄枵，一名天元，故曰天元。〔一〕

按：《周書》：『惟一月壬辰，旁死魄。』〔二〕『越翼日癸巳，王朝步自周，於征伐商。既戊午，師渡孟津。癸亥，陳於商郊。』〔三〕『甲子昧爽，受率其旅若林，會於牧野。』〔四〕《國語》曰：『王以二月癸亥夜陳，未畢而雨。』〔五〕而《史記》亦曰：二月甲子，武王至牧野誓師。〔六〕今易氏乃曰武王『伐殷以十一月二十八日戊子』〔七〕，與經史俱不合；又曰後三日爲周正辛卯朔，〔八〕查辛卯乃於征伐商之前三日，非既革殷之後三日也。

又按：太歲十二年一周，木星行天亦十二年一周，有似太歲，故名歲星。是歲星因太歲而得名，而太歲實無與於歲星也。此節掌十有二歲，專屬太歲，保章氏『以十二歲之相』專言歲星，注疏殊牽混。

〔一〕南宋易祓撰《周官總義》卷十六。
〔二〕東漢孔安國傳，唐孔穎達疏《尚書注疏》卷十《武成第五》，清嘉慶二十年阮元校刻《十三經注疏》本。
〔三〕〔四〕東漢孔安國傳，唐孔穎達疏《尚書注疏》卷十《武成第五》。
〔五〕三國吴韋昭注《國語·周語下》。
〔六〕見《史記·周本紀》，原文稍有出入。
〔七〕南宋易祓撰《周官總義》卷十六，無『武王』二字。
〔八〕南宋易祓撰《周官總義》卷十六，『辛卯』作『月』。

冬夏致日，春秋致月，以辨四時之叙。

鄭氏康成曰：冬至日在牽牛，景丈三尺；夏至日在東井，景尺五寸。此長短之極，極則氣至，冬無愆陽，夏無伏陰，春分日在婁，秋分日在角，而月弦於牽牛、東井賈疏：春分日在婁，月上弦在東井，圓於角，下弦於牽牛；秋分日在角，月上弦於牽牛，圓於婁，下弦於東井。故注并言月弦於牽牛、東井，不言圓望，義可知也。〔一〕亦以其影知氣至否，春秋冬夏氣皆至，則是四時之叙正矣。〔二〕

原按：先儒謂《虞書》《敬致》即此經《致日》，其法於二至之晝漏半求日中之影，則《致月》亦當於二分日之夜漏半求月中之影，分至皆中氣，與弦時相去七日、八日不等。疏舍圓望而第言上弦，不知上弦時分氣當未至，何足據以爲準？況上弦之月，昏已過中，又何從而測之？

按：疏增言圓望以補注義，非舍圓望而第言上弦也。況上弦之月未嘗不可測。案語非是，擬改如後。

《致日》《致月》，即《虞書》《敬致》之義也。日行出入於赤道，有南至北至；月行出入於黃道，有陰曆陽曆。夫冬夏致日，注義盡之矣，而致月必於春秋，何也？蓋春秋二分當黃道赤道之交，黃道與赤道同度，於此測月，可得陰陽曆之真度矣。如春分日在婁而月上弦於東井，秋分日在角而月下弦於東井，則是月所行者夏至日道也，其夜中之影宜與夏至之午影等。又如春分日在婁而月下弦於牽牛，秋分日在角而月

〔一〕〔二〕東漢鄭玄注，唐賈公彦疏《周禮注疏》卷二十六《春官宗伯·馮相氏》。

上弦於牽牛，則是月行冬至之日道也，其夜中之影宜與冬至之午影等。而徵之所測，或等焉，或不等焉。其等者必月正當黄道也，其短於午影者必入黄道北而爲陰曆也，其長於午影者必月出黄道南而爲陽曆也。注專言兩弦者以此。若夫二分之望月在其衝，此時日之過午也，其高度與赤道等，則月亦宜然。然而月之過午，有時而高於日度，則知其在陰曆也，有時而卑於日度，則知其在陽曆也。此賈疏增言圓望之義也。

來札云：案議義精而確，辭簡而明，敬服深感。又『測土深』，深字之義，看注疏及群儒説，俱不能了然於心，惟有以開愚蒙，幸甚。

承詢『土深』之義，謹按：鄭注以東西南北言深《土方氏》注，賈疏謂地之遠近爲深，其説皆是。倘解作淺深，則不可通。蓋土圭之法，只可以測遠近；若測深，必須覆矩，非土圭所能御。而所謂覆矩測深者，亦謂從高測下，如從山頂測山下之物，要必目可見者方可測。若夫土之淺深，目不能見，雖覆矩亦不能御也。且深字古人嘗作遠字用，如深入不毛、年深豈免有缺畫之類，不一而足。注疏之説，似無可疑。此復。

來札云：前得手教，知土之深淺目所不見者，雖覆矩之法亦不能御，昭然若發矇矣。但思造城郭必度溝渠，使水流輸委不逆地防。未審算術中，有測數里、數十里、數百里外地勢高下之法否？《考工》匠人營國一則，望爲細看注疏，究切其義以示我。

匠人建國，水地以懸。

鄭氏康成曰：立王國若邦國者，於四角立植而懸以水，望其高下，高下既定，乃爲位而平地。〔一〕

按：即今水平法也。其製用小柱，下端施足，令可隨地安放，上端平安木槽，長三尺許，從槽面至足底高四尺，此水平器也。如欲知兩處之高下，置水平於此處，注水於槽令平滿，懸繩於柱，不得欹側，於彼處立竿，令木槽之兩端與竿參直，乃從此處引繩至竿，令繩與木槽平，不得絲毫軒輊，於是量竿從繩至地若干尺寸，與水平之高下相較，如竿比水平多一尺，則彼處低一尺，若比水平少一尺，則彼處高一尺也。如法遞測之，雖數百里外之高下可知矣。

置槷以縣，眡以景。

鄭氏康成曰：槷，古文「臬」假借字。於所平之地中央樹八尺之臬，以縣正之，眡之以其景，將以正四方。〔二〕

爲規，識日出之景與日入之景。〔三〕

鄭氏康成曰：日出日入之景，其端則東西正也。又爲規以識之者，爲其難審也。自日出而畫其景端以至日入，既而爲規，測景兩端之内規之，規之交乃審也，度兩交之間中屈之以指臬，則南北正。〔四〕

〔一〕〔二〕〔三〕〔四〕東漢鄭玄注，唐賈公彦疏《周禮注疏》卷四十一《冬官考工記·匠人》。

按：　日出入時，其景甚長，端不可識，故爲規以識之，非先識景端而後爲規也。其法於國中治地極平，作圓規，中心置臬。日出時景在臬西，視景交規處識之，日入時景在臬東，眡景交規處識之，末取兩交相距，中屈以指臬。夏至前後屈處爲正南，臬爲正北，冬至前後反是。

晝參諸日中之景，夜考之極星，以正朝夕。

鄭氏康成曰：　日中之景最短者也，極星謂北辰。〔一〕

賈氏公彦曰：　前經已正東西南北，恐其不審，猶更以此二者以正南北，言朝夕即東西也。南北正，則東西亦正，故兼言東西也。〔二〕

註疏説俱是。

來札云：　今以廣五步、長二百四十步爲一畞，積至百畞正方，廣長各如干步、如干丈尺，萬望撥冗算出見示，以欲駁群儒『朝市一夫』之貿説也。

按：　古者六尺爲步，步百爲畞，蓋廣一步，長百步也。今以五尺爲步，二百四十步爲畞，蓋廣一步，長二百四十步也。未有廣五步之説。若積百畞，古者廣長各百步，爲六百尺，今田百畞，廣一百五十步，長一百六十步，若開正方，則廣長各一百五十四步有零，爲七百七十四尺五寸奇。

屢承下問，因叨世愛，不敢避越俎之嫌。謹逐條細勘，黏籤處及另擬按語，倘若可用，幸另謄送館，勿令知某姓名爲禱。

〔一〕〔二〕東漢鄭玄注，唐賈公彦疏《周禮注疏》卷四十一《冬官考工記・匠人》。

明史館呈總裁

一，《曆志》半係先祖之稿，但屢經改竄，非復原本，其中訛舛甚多，凡有增删改正之處，皆逐條籤出。

一，《天文志》不宜併入《曆志》，擬仍另編。蓋曆以欽若授時，置閏成歲，其術委曲繁重，其理精微，爲説深長。且有明二百七十餘年，沿革非一事，造曆者非一家，皆須入志，雖盡力删削，卷帙猶繁，若加入天文之説，則恐冗雜，不合史法。自司馬氏分《曆》與《天官》爲二書，歷代因之，似不可易。

一，《天文志》，例載天體、星座次舍、儀器、分野等事。《遼史》謂天象千古不易，歷代之志天文者近於衍，其説似是而非。蓋天象雖無古今之異，而古今之言天者則有疏密之殊。況恒星去極交宫，中星晨昏隱現，歲歲有差，安得謂千古不易？今擬取天文家論説之精妙、法象之創闢、躔度之真確、爲古人所未發者著於篇。至於星官分主及占驗之説，前史已詳，概不復録。

一，月犯恒星爲天行之常，無關休咎，不應登載。蓋太陰出入黄道南北各五度，約二十七日而周，則近黄道南北五度之星，皆當太陰必由之道，太陰固不能越恒星飛渡而避淩犯也。使果有休咎如占家言，其徵應當無日無之，而今不然，亦可見其不足信。《春秋》書日食星變而無月犯恒星之文，史家泥於星官之曲説，相沿而未考也。

一，五星犯月入月爲必無之事，擬削之。蓋月在前而星追及之，謂之星犯月。是必星行疾於月而後有之，乃五星終古無疾於月之行，即終古無犯月之理。又月去人近，五星去人以次而遠，安得出月之下而入月中？彼靈臺候直之官，類多不閤天文。且日久生玩，未必身親。委托之人，既難憑信，夜深倦極，瞥見流星飛射，適當太陰掩星之時，遂謂有星犯月入月。候簿所書，或由於此。康熙某年蘆溝橋演礮，欽天監誤以東南天鼓鳴入奏，致受處分，有案可徵。此因奏聞，故知其謬。若星變凌犯之類，彼自書而藏之，其是非有無，誰得而辨？惟斷之於理，庶不爲其所惑。

一，老人星，江以南三時盡見。《天官書》言『老人星見，治安』，乃無稽之談。疇人子弟因而貢諛，屢書候簿，不足信也，擬削之。

《明史·曆志》論

後世法勝於古，而屢改益密者，惟曆爲然。《唐志》謂『天爲動物，久則差忒，不得不屢變其法以求之』，此説似矣，而不然也。《易》曰：『天地之道，貞觀者也。』[一]蓋天行至健，確然有常，本無古今之異。其歲差盈縮遲疾諸行，古無而今有者，因其數甚微，積久始著，古人不覺而後人知之，而非天行之忒也。使天果動而差忒，則必參差凌替而無典要，安從修改而使之益密哉？觀傳志所書，歲失其次、日度失行之事，不見於近代，亦可見矣。夫天之行度多端，而人之智力有限，持尋尺之儀表，仰測穹蒼，安能洞悉無遺？惟合古今人之耳目心思，踵事增修，庶幾符合，故不能爲一成不易之法也。黄帝迄秦，曆凡六改，漢凡四改，魏迄隋十五改，唐迄五代十五改，宋十七改，金迄元五改。惟明之《大統曆》，實即元之《授時》，承用二百七十餘年，未嘗改憲。成化以後，交食往往不驗，議改曆者紛紛。如俞正己、冷守忠不知妄作者無論矣，而華湘、周濂、李之藻、邢雲路之倫，頗有所見。鄭世子載堉撰《律曆融通》，進《聖壽萬年曆》，其説本之南都御史何瑭，深得《授時》之意，而能補其不逮，臺官泥於舊聞，當事憚於改作，並格而不行。

[一]《周易·繫辭下》。

崇禎中議用西洋新法，命閣臣徐光啟、光禄卿李天經先後董其事，成《曆書》一百三十餘卷，多發古人所未發。時布衣魏文魁上疏排之，詔立兩局推驗。累年較測，新法獨密，然亦未及頒行。由是觀之，曆固未有行之久而不差者，烏可不隨時修改以求合天哉？今採各家論説有裨於曆法者著於篇端，而《大統曆》則述立法之原以補《元志》之未備，《回回曆》始終隸於欽天監，與《大統》參用，亦附録焉。

《明史》大統曆論

造曆者各有本原，史宜備録，使後世有以考。如《太初》之起數鐘律，《大衍》之造端蓍策，皆詳本志。《授時曆》以測驗算術爲宗，惟求合天，不牵合律吕卦爻。然其法之所以立，數之所從出，以及晷影星度，皆有全書，郭守敬、齊履謙傳中有書名可考。《元史》漫無採摭，僅存李謙之議，録《曆經》之初稿，其後改三應率及立成之數，與夫割圓弧矢之法，平立定三差之原，盡削不載，使作者精意湮没，識者憾焉。今據《大統曆通軌》及《曆草》諸書，稍爲詮次，首法源，次立成，次推步。而法原之目七：曰句股測望，曰弧矢割圓，曰黄赤道差，曰黄赤道内外度，曰白道交周，曰日月五星平立定三差，曰里差刻漏；立成之目四：曰太陽盈縮，曰晨昏分，曰太陰遲疾，曰五星盈縮；推步之目七：曰氣朔，曰日躔，曰月離，曰中星，曰交食，曰五星，曰四餘。

《明史》回回曆論

《回回曆法》，西域默狄納國王馬哈麻所作。其地北極高二十四度半，經度偏西一百零七度，約在雲南西八千八百餘里，其曆元用隋開皇己未，即其建國之年也。洪武初，得其書於元都，十五年秋，太祖謂西域推測天象最精，其五星緯度又中國所無，命翰林李翀、吴伯宗同回回大師馬沙亦黑等譯其書。其法不用閏月，以三百六十五日爲一歲，歲十二宫，宫有閏日，凡百二十八年而宫閏三十一日，以三百五十四日爲一周，周十二月，月有閏日，凡三十年，月閏十一日，歷千九百四十一年，宫月日辰再會，此其立法之大概也。按：西域曆術見於史者，在唐有《九執曆》，元有札馬魯丁之《萬年曆》。《九執曆》最疏，《萬年曆》行之未久，惟《回回曆》設科隸欽天監，與《大統》參用二百七十餘年，雖於交食之有無深淺，時有出入，然勝於《九執》《萬年》遠矣。但其書多脱誤，蓋其人之隸籍臺官者，類以土盤布算，仍用其本國之書，而明之習其術者，如唐順之、陳壤、袁黄輩之所論著，又自成一家言，以故翻譯之本不行於世，其殘缺宜也。今爲博訪專門之裔，考究其原書，以補其脱落，正其訛舛，爲《回回曆法》著於篇。

《明史·曆志》後論

明制曆官皆世業，成、弘間尚能建修改之議，萬曆以後，則皆專己守殘而已。其非曆官而知曆者，鄭世子而外，唐順之、周述學、陳壤、袁黄、雷宗皆有著述，唐順之未有成書，其議論散見周述學之《曆宗通議》《曆宗中經》，袁黄著《曆法新書》，其天地人三元則本之陳壤，而雷宗亦著《合璧連珠曆法》，皆會通《回回曆》以入《授時》，雖不能如鄭世子之精微，其於中西曆理亦有所發明，邢雲路《古今律曆考》，或言本出魏文魁手，文魁學本膚淺，無怪其所疏《授時》皆不得其旨也。

《明史·曆志》附載西洋法論

西洋人之來中土者，皆自稱歐羅巴人，其曆法與回回同而加精密，先臣梅文鼎曰：「遠國之言曆法者多在西域，而東南北無聞唐之《九執曆》，元之《萬年曆》及洪武間所譯《回回曆》，皆西域也。蓋堯命羲和仲叔分宅四方，而羲和、羲叔、和叔則以嵎夷、南交、朔方爲限，獨和仲曰宅西，而不限以地，豈非當時聲教之西被者遠哉？至於周末，疇人子弟分散，西域天方諸國接壤西陲，非若東南有大海之阻，又無極北嚴凝之畏，則抱書器而西征，勢固便也。臣惟歐羅巴在回回西，其風俗相類，而好奇喜新競勝之習過之，故其曆法與回回同源，而世世增修，遂非回回所及，亦其好勝之俗爲之也。羲和既失其守，古籍之可見者僅有《周髀》。而西人渾蓋通憲之器、寒熱五帶之説、地圓之理、正方之法，皆不能出《周髀》範圍，亦可知其源流之所自矣。夫旁搜博採以續千百年之墜緒，亦禮失求野之意也，故備論之。

《明史・天文志》論

自司馬遷述《天官》，歷代作史者皆志天文，惟《遼史》獨否，謂天象昭垂，千古如一，日食天變，既備著《本紀》，則《天文志》近於衍，其説頗當。夫《周髀》、宣夜之書，安天、穹天、昕天之論，以及星官占驗之説，《晉史》已詳，又見《隋志》，謂非衍可乎？論者謂《天文志》首推晉、隋，尚有此病，其他可知矣。然因此遂廢天文不志，亦非也。天象雖無古今之異，而談天之家、測天之器，往往後勝於前，無以志之，使一代制作之義泯焉無傳，是亦史法之缺漏也。至於彗孛、飛流、暈適、背抱，天之所以示儆戒者，《本紀》中不可盡載，安得不別志之？明萬曆間西洋人利瑪竇等入中國，精於天文曆算之學，發微闡奥，運算制器，前此未嘗有也，兹掇其要論著於篇。而靈臺候簿所記天象星變，殆不勝書，擇其尤異者存之。日食備載《本紀》，故不復書。

《明史·天文志》客星論

《史記·天官書》有客星之名，而不詳其形狀，敘國皇、旬始諸星甚悉，而無瑞星、妖星之名。然則客星者言其非常有之星，殆諸星之總名，而非有專屬也。李淳風志晉隋天文，始分景星、含譽之屬爲瑞星，彗孛、國皇之類爲妖星，又以周伯、老子等爲客星，自謂本之漢末劉叡《荆州占》。夫含譽所謂瑞星也，而光芒似彗，國皇所謂妖星也，而形色類南極老人，瑞與妖果有定哉？且周伯一星也，既屬之瑞星而云其國大昌，又屬之客星而云其國兵起有喪，其説如此，果可爲法乎？馬遷不復區別，良有以也。今按《實録》，彗孛變見特甚，皆別書，老人星則江以南常見，而燕京必無見理，故不書，餘悉屬客星而編次之。

《明史·天文志》凌犯論

按：兩星經緯同度曰掩，光相接曰犯，亦曰凌。緯星出入黄道之南北，凡恒星之近黄道者皆其必由之道，凌犯皆由於此。而行遲則凌犯少，行速則多，數可預定，非如彗孛飛流之無常，然則天象之示烱戒者，應在彼而不在此。歷代史志凌犯，多繫以事應，非傅會，即偶中爾。兹取緯星之掩犯恒星者次列之，比事以觀，其有驗者十無一二，後之人可以觀矣。至於月道與緯星相似而行甚速，其出入黄道也，二十七日而周，計其掩犯恒星殆無虚日，豈皆有休咎可占？今見於《實録》者不及百分之一，然已不可勝書，故不書。

上國史館副總裁書

前者獲親塵誨，受益宏多。承發鑒定《時憲志》二册，並諭因公冗未能親看，屬門下某訂定，回寓展閲，筆墨淋漓，隨意揮灑，可稱快士，但事關國史，未可輕率，素叨知愛，何敢不竭其愚！計所批八紙，其前三紙，欲去總論沿革、齊政先資諸標目，暨其詳見《數理精藴》，文多不能備述二語，無關緊要，已如批删去。又一紙，『行度』訛『行種』，係謄録筆誤，已改正。其餘四紙，頗有未安，謹録原批，分析條議如左，伏乞高明撥冗詳察，一一賜教，以便進止，不勝幸甚。

原批云：史之有志，只志一事之始終，而詳其條理，不必以圖也。況八綫諸圖，非通於算法者，雖觀之亦不能曉，徒多紛紛耳。前史《律曆志》非不能爲圖，以其載之無益，故去圖而只著其説，不但於義已足，而於體尤宜，故圖可竟去。

按：史志只志一事之始終二語，非熟於史者不能道。但以去圖爲合體，似有未盡。考《明史·曆志》，備載割圓弧矢月道距差諸圖，如以圖爲非體，豈本朝敕修之書不足爲法歟？夫作史之法，疑以傳疑，信以傳信。古曆未嘗有圖，作史者固弗能增；明曆有圖，則史氏亦不能去也。今謂前史非不能爲圖，因載之無益而去之，其果有所見而云然耶？至謂圖非通斯學者不能曉，徒多紛紛，去圖存説而義已足，則更不可解。吾聞立象盡意，得意可以忘象；立言明象，得象可以忘言。既通其學，何事於圖？圖爲初學設也，善觀圖者無所用説，説爲不善觀圖者設也。乃若所云，得毋於古訓戾乎？矧圖於説之相因，猶皮與毛之相屬，皮之不存，毛於何附？故欲去圖，須併去説，斯志可以不作矣。夫圖象開書契之先，聖人贊《易》，全憑觀象，若圖果無益，則伏羲、文王殊爲多事，而周、邵、程、朱之盡心於太極先天後天諸圖者，又何若是其紛紛哉？我聖祖仁皇帝憫絶學之失傳，留心探索四十餘年，始作圖立説以闡明千古不傳之秘，其精義之昭著，燦若日星。今未嘗寓目，輒云圖不可曉，與自閉其目而謂日星無光者何異？且人臣恭紀御製，如繪天地之容，雖極力摹畫，猶恐不能表揚於萬一，而顧欲削趾就屨，併本來之面目失之，以致學之續者復絶，理之明者復湮，孤負先帝嘉惠萬世之盛心，其關係良非淺鮮，高明其熟籌之。

原批云：卷帙或繁，釐分上下，舊史有之，但加編字，即似私家所著，非國史例也。宜只云日躔上爲允，餘仿此。

按：《考成》上編、下編，係聖祖仁皇帝御製書名，所載者康熙年間之法。《考成後編》，係世宗憲皇帝續修書名，所載者雍正年間之法，並詳首卷。今所云上編、下編、後編者是仍其名，與前史因卷帙繁而分上中下者有别，並非另加編目，且係御製書名，似無嫌同於私家所著，可否仍存編字處，幸再加詳度。

原批云：古言天有九重，至揚雄作《太玄》，始列九天之名。《太玄》之書本與曆準，然雄所云九天，非推數之本也。若今西法所言九重以測恒星七政，各有高下云云。『圜則九重』，見於《楚辭》，而歷舉九重次第，則肇於西士，四語以此易之。

按：揚雄作《太玄》，本以準《易》。先儒因八十一家之數與《太初》日法偶合，故有準《太初》作《太玄》之語，非通論也。且九天之名不一，初非始於揚雄。況《太玄》所刻晬天、廓天諸名，亦如釋家三十三天忉利天之類，與九重之義全無干涉，似難牽合。

原批云：既云掩之食之者必在下，月最居下，故能掩日光而使之食，然則日在月上，又何以掩月而食之？此處置論終不分明。

按：月食爲月入闇虚，非由日掩，人人共知，本自分明，似無庸再爲置論。

《時憲志》用圖論

客問於梅子曰：『史以紀事，因而不創，聞子之志《時憲》也用圖，此固廿一史所無而子創爲之，宜執事以爲非體而欲去之也，而子固執己見，復呶呶上言，獨不記昌黎之自訟乎？吾竊爲子危之。』梅子曰：『吾聞史之道貴信，而其職貴直。余不爲史官久矣，史館總裁謂《時憲》《天文》兩志，非專家不能辨，不以余爲固陋而委任之。余既不獲辭，不得不盡其職。今客謂舊史無圖而疑余之創，竊謂史之紀事，亦視其信否耳，因創非所計也。夫後史之增於前者多矣，《漢書》十志已不侔於八書，而《後漢》之皇后本紀，與《魏書》之志釋老，《唐書》之傳公主，《宋史》之傳道學，並皆前史所無，又何疑於國史用圖之爲創哉？且客未讀《明史》耶？《明史》於割圓、弧矢、月道、距差諸圖，備載《曆志》，何《明史》不嫌爲創，而顧疑余爲創乎？』客曰：『後史增於前者必非無因，若《明史》之用圖，亦有説歟？』梅子曰：『疑以傳疑，信以傳信，《春秋》法也，作史者詎能易之？古之治曆者數十家，大率不過增損日法、益天周、減歲餘，以求合一時而已，即《太初》之起數鐘律，《大衍》之造端蓍策，亦皆牽合，並未能深探天行之故而發明其所以然之理。本未嘗有圖，史臣何從取圖而載之？至元郭太史之修《授時》，不用積年、日法，全憑實測，用句股割圓以求弦矢，於是有割圓諸圖載於《曆草》，作《元史》時不知採摭，則宋、王諸公之疏也。明之《大統》，實即《授時》，本朝纂修《明史》諸公，謂其義非圖不明，舊史雖無圖，而表亦圖之類也，遂採諸《曆草》而入於《志》。其識見實超凡俗，復經聖君賢相爲之鑒定，不以爲非體而去之，俾精義傳於無窮，洵足開萬古作史者之心胸矣。至於《時憲》之法，更不同於《授時》，其立法之奇妙，義藴之奥衍，悉具於圖，何可去之？如必以去圖爲合體，豈以《明史》爲非體，而本朝之制不足法歟？且客亦知《時憲》之圖所自來乎？我聖祖仁皇帝憫絶學之失傳，留心探索四十餘年，見極底藴，始親授儒臣，作圖立説以闡明千古不傳之秘，所謂《御製曆象考成》者也。余固親承聖訓，實與彙編之列。彼前輩纂修《明史》，尚不忍没古人之善，不惜創例以傳之。而余以承學之臣，恭紀御製，顧恐失執事之意而遷就迎合，以致聖學不彰。使後之學者不得普沾嘉惠，尚得謂之信史乎？不信之史，人可塞責，而何用余越俎而代之？余之呶呶，非沾直也，不得已也。然則韓子之自訟，亦謂其言之可已者耳，使韓子果務爲容悦以求倖免，則諍臣之論，佛骨之表，又何爲若是其侃侃哉？』客唯唯而退。

《曆象考成》論

五紀之法尚矣。三代以前悉燬於秦。至漢洛下閎造《太初曆》，運算轉策，紬績日分，日辰之度與夏正同。嗣後代有改作，造法者七十餘家，雖踵事增修，往往較前爲密，然皆祖述《太初》，損益閏餘，增改日法，以求合一時，故行之不久而差忒立見。元郭守敬造《授時》法，不用積年日法，即以至元辛巳爲元，惟順天以求合，不爲合以驗天，是以高出諸家之上，有明之《大統》實因之。崇禎中大學士徐光啓，奉命譯西洋新法，書成未用，我朝定鼎，頒行天下，即《時憲書》也。康熙初年，疇人與西洋人争訟互訐，致成大獄。聖祖仁皇帝徧詢朝臣，莫有知其是非者。聖心閔焉，於萬幾之暇，研幾搜討，廣延宣問，歷數十年不倦，遂造精微。乃《御製三角形論》有曰：『論者謂今法古法不同，殊不知原自中國，流傳西土，西人守之不失，歲歲增修』，以致精密，毋庸岐視。以徐光啟所譯之書，語多晦澀，譌舛難讀，所用根數及諸表多有未確，乃徵耑門之裔，供奉内廷，出中秘書，親爲指授。令督率考取算法人等，開館於蒙養齋，測量日星，考驗較算，以定諸根。復遣官往浙江閩蜀嶺南，分測日影月食，以定諸差。凡躔離、朓朒、交會之原，五緯伏見、遲留之故，逐一詮解，日呈御覽，親加點定，成書四十餘卷，賜名《曆象考成》，省曰《考成》。其法之精、説之詳，有非元之《授時》所可同日語者。夫不齊者數也，難明者理也，有定者法也。理不明，法不可得而立；法不立，數不可得而齊。今既明其理，復立其法，不惟現在之數已齊，而按其理，循其法，隨時推測修改，雖數千百年之後，數之不齊者皆可得而齊之。苟非聖學高深，心通造化，又安能發千古不傳之秘而成昭代不刊之典哉？殆與放勳之命羲和，重華之齊七政，先後同揆矣。

斗建論

以十二支爲十二月之建，正月自應建寅，無關斗柄。《論語》『行夏』，《集註》謂『初昏斗柄建寅爲歲首』[一]者，未深考也。蓋十二支分屬五行，以配四方四時，由來尚矣。如《堯典》申命羲和，以四方屬四時，既以仲春居正東爲卯月，則孟春安得不居東北爲寅月乎？又考《史記·律書》，分疏十二月律吕干支之義，兼八風二十八舍以爲之説，而並不言斗建。惟《天官書》有『用昏建者杓，夜半建者衡，平旦建者魁』[二]，及『攝提直斗杓所指以建時節』[三]之語。嘗以辰次考之，北斗杓入壽星，衡入鶉尾，魁入鶉火。若初昏杓指寅，則夜半衡指午，平旦魁指戌，其所指不同如此，將以何者爲月建乎？然則其所謂杓建云云者，不過舉北斗首中末三星，於昏旦夜半三時恰臨寅午戌三方，以見斗爲帝車，能運中央以建時節之大概耳。未嘗言三時同指一方，以爲月建也三星必無三時同指一方之理，言俱指寅者，《正義》之臆説也。夫北斗隨天

[一] 朱熹撰《四書章句集注·論語》卷八《衛靈公第十五》。
[二]《史記》卷二十七《天官書》。
[三]《史記》卷二十七《天官書》。

左旋，雖月移一辰，然與月建無涉。蓋月建一定不易，而恒星歲歲有差，又安能使孟春初昏斗柄常指寅乎？按：《論語注疏》只言『以建寅之月爲正』，[一]原無『斗柄初昏』四字，故曰《集註》未深考也又按：《月令》鄭注云『孟春者，斗建寅之辰』，[二]亦無『初昏建寅』之語；而孔疏則云『孟春者，夏正建寅之月』，[三]并『斗』字去之；至陳澔《集註》，則只用孔疏，殆已知鄭説之無當矣。

〔一〕三國魏何晏集解，宋邢昺疏《論語注疏解經》卷十五《衛靈公第十五》，清嘉慶二十年阮元校刻《十三經注疏》本。

〔二〕漢鄭玄注，唐孔穎達疏《禮記注疏》卷十四《月令第六》，清嘉慶二十年阮元校刻《十三經注疏》本。

〔三〕漢鄭玄注，唐孔穎達疏《禮記注疏》卷十四《月令第六》。

里差論

里差者，因人所居有東西南北之不同，則天頂地平亦異地在天中，體圜而小，隨人所立，凡目力所極，適見天體之一半，則與平面無異，故名地平，可以計里而定地差二百里，則天頂差一度，故名里差。其所關於仰觀甚鉅，蓋恒星之隱見南行二百里，則北極低一度，南星多見一度；北行二百里反是，晝夜之永短北極高，則永短之差多；北極低，則永短之差少，七曜之出没，節氣之早晚偏東，則諸曜早見，而節氣遲；偏西反是，交食之深淺先後日食隨地各異，月食天下皆同，而見食有先後，莫不因之而各殊焉。惟得其差之數，則其各殊之數皆可預知，不致詫爲失行而生飾説矣。《新法算書》所載各省北極高度及東西偏度，大概據輿圖道里定之，多有未確，今以康熙年間實測各省及諸蒙古之高度、偏度列於左。

北極高度

京師高三十九度五十五分

盛京高四十一度五十一分

山西高三十七度五十三分三十秒

朝鮮高三十七度三十九分十五秒

山東高三十六度四十五分二十四秒

河南高三十四度五十二分二十六秒
陝西高三十四度十六分
江南高三十二度四分
四川高三十度四十一分
湖廣高三十度三十四分四十八秒
浙江高三十度十八分二十秒
江西高二十八度三十七分十二秒
貴州高二十六度三十分二十秒
福建高二十六度二分二十四秒
廣西高二十五度十三分七秒
雲南高二十五度六分
廣東高二十三度十分
布龍看布爾嘎蘇泰高四十九度二十八分
戹格塞楞格高四十九度二十七分
桑金答賴湖高四十九度十二分
肯忒山高四十八度三十三分

克爾倫河巴拉斯城高四十八度五分三十秒
圖拉河韓山高四十七度五十七分十秒
喀爾喀河克勒和卲高四十七度三十四分三十秒
杜爾伯特高四十七度十五分
鄂爾昆河厄爾得尼招高四十六度五十八分十五秒
空各衣扎布韓河高四十六度四十二分
扎賴特高四十六度三十分
推河高四十六度二十九分二十秒
科爾沁高四十六度十七分
郭爾羅斯高四十五度三十分
阿録科爾沁高四十五度三十分
翁機河高四十五度三十分
薩克薩圖古里克高四十五度二十三分四十五秒
烏朱穆秦高四十四度四十五分
蒿齊忒高四十四度六分
古爾班賽堪高四十三度四十八分

巴林高四十三度三十分
扎魯特高四十三度三十分
阿霸哈納高四十三度二十三分
阿霸垓高四十三度二十三分
奈曼高四十三度十五分
克西克騰高四十三度
蘇尼特高四十三度
哈密城高四十二度五十三分
翁牛特高四十二度三十分
敖漢高四十二度十五分
喀爾喀高四十一度四十四分
四子部落高四十一度四十一分
喀喇沁高四十一度三十分
毛明安高四十一度十五分
吴喇忒高四十度五十二分
歸化城高四十度四十九分

土默特高四十度四十九分
鄂爾多斯高三十九度三十分
阿蘭善山高三十八度三十分
東西偏度偏於京師之東西也
盛京偏東七度十五分
浙江偏東三度四十一分二十四秒
福建偏東二度五十九分
江南偏東二度十八分
山東偏東二度十五分
江西偏西三十七分
河南偏西一度五十六分
湖廣偏西二度十七分
廣東偏西三度三十三分十五秒
山西偏西三度五十七分四十二秒
廣西偏西六度十四分四十秒
陝西偏西七度三十三分四十秒

貴州偏西九度五十二分四十秒
四川偏西十二度十六分
雲南偏西十三度三十七分
朝鮮偏東十度三十分
郭爾羅斯偏東八度十分
扎賴特偏東七度四十五分
杜爾伯特偏東六度十分
扎魯特偏東五度
奈曼偏東五度
科爾沁偏東四度三十分
敖漢偏東四度
阿録科爾沁偏東三度五十分
喀爾喀河克勒和邵偏東二度四十六分
巴林偏東二度十四分
喀喇沁偏東二度
翁牛特偏東二度

烏朱穆秦偏東一度十分
克西克騰偏東一度十分
蒿齊忒偏東三十分
阿霸哈納偏東二十八分
阿霸垓偏東二十八分
蘇尼特偏西一度二十八分
克爾倫河巴拉斯城偏西二度五十二分
四子部落偏西四度二十八分
歸化城偏西四度四十八分
土默特偏西四度四十八分
喀爾喀偏西五度五十五分
毛明安偏西六度九分
吴喇忒偏西六度三十分
肯忒山偏西七度三分
鄂爾多斯偏西八度
圖拉河韓山偏西九度十二分

翁機河偏西十一度
古爾班賽堪偏西十一度
布龍看布爾嘎蘇泰偏西十一度二十二分
阿蘭善山偏西十二度
厄格塞楞格偏西十二度二十五分
鄂爾昆河厄爾德尼招偏西十三度五分
推河偏西十五度十五分
桑金答賴湖偏西十六度二十分
薩克薩圖古里克偏西十九度三十分
空各衣扎布韓河偏西二十度十二分
哈密城偏西二十二度三十二分

儀象論

齊政授時，儀象與算術並重。蓋非算術，無以預推其節候以前民用；非儀象，無以測現在之行度以驗推步之疏密，而爲修改之端也。《虞書》『璿璣玉衡』爲儀象之權輿，其制不傳。漢人創造渾天儀，即璣衡遺制，唐宋皆仿爲之。至元始有簡儀、仰儀、闚几、景符等器，視古加詳矣。明於齊化門即今之朝陽門南，倚城築觀象臺，仿元制作渾儀、簡儀、天體三儀，置於臺上，臺下有晷影堂，圭表壺漏。國初因之，康熙八年命造新儀，十一年告成，安置臺上，其舊儀移置他室藏之。新儀有六。一曰黄道經緯儀。儀之圈有四，圈各分四象限，限各九十度。其外大圈恒定而不移者，名天元子午規，外徑六尺，規面厚一寸三分，側面寬二寸五分。規之下半夾入於雲座仰載之半圓，前後正直子午，上直天頂，從天頂北下數五十度定北極，從天頂南下數一百三十度定南極，此赤道極也。次爲過極至圈，圈平分處，各以鋼樞貫於赤道之南北極。又依黄赤大距度，於過極至圈上定黄道之南北極，距黄極九十度安黄道經圈，與過極至圈十字相交，各陷其中以相入，令兩圈合爲一體，旋轉相從。經圈之兩側面，一爲十二宫，一爲二十四節氣，其兩交處，一當冬至，一當夏至。此第三圈也。第四爲黄道緯圈，則以鋼樞貫於黄極焉。圈之徑爲圓軸，圍三寸。軸之中心立圓柱爲緯表，與緯圈側面成直角。而經圈、緯圈上各設遊表，儀頂更設銅絲爲垂綫。全儀以雙龍擎之，復爲交梁以立龍足，梁之四端各承以獅，仍置螺柱以取平視垂綫或有偏側，則轉螺柱或起或落，以正其垂綫，則儀自直矣。一曰赤道經緯儀。儀有三圈，外大圈者，天元子午規也，以一龍南向而負之，規之分度、定極皆與黄道儀同。去極九十度安赤道經圈，與子午規十字相交，恒定不動。經圈之内規面及上側面，皆鋟二十四時，時各四刻，外規面分三百六十度。内安赤道緯圈，以南北極爲樞而可東西遊轉，與經圈内規面相切。緯圈徑亦爲圓軸，軸中心亦立圓柱，以及遊表、垂綫、交梁、螺柱等法，皆同黄道儀。一曰地平經儀。儀止用一圈，即地平圈，全徑六尺，其平面寬二寸五分，厚一寸二分，分四象限，限各九十度，以四龍立於交梁以承之。梁之四端各施取平之螺柱，而梁之交處，則安立柱，高與地平圈等，適當地平圈之中心。又於地平圈上東西各立一柱，約高四尺，柱各一龍盤旋而上，從柱端各伸一爪，互捧圓珠。下有立軸，其形扁方，空其中如窗櫺以安直綫，軸之上端入於珠，下端入立柱中心，令可旋轉，而軸中之綫恒爲天頂之垂綫焉。又爲長方横表，長如地平圈全徑，厚一寸，寬一寸五分，中心開方孔，管於立軸下端，便隨立軸旋轉。復剡其兩端令鋭，以指地平圈之度分。又自兩端各出一綫，而上會於立軸中直綫之頂，成兩三角形。凡測一星，則旋轉遊表，使三綫與所測之星參相直，乃視表端所指，即其星之地平經度也。一曰地平緯儀，即象限。蓋取全圈四分之一，以測高度者也。其弧九十度，其兩邊皆圓半徑，長六尺，兩半徑交處爲儀心。儀架東西立柱，各以二龍拱之，上架横梁。又立中柱，上管於横梁，令可轉動。儀安柱上，儀心上指，儀之兩邊，一與中柱平行，一與横梁平行。又於儀心立短圓柱以爲表，又加窺衡，長與半徑等，上端安於儀心，剡其下端，以指弧面度分，更安表耳於衡端。欲測某物或日、或月、或星，乃以窺衡上下遊移，從表耳縫中窺圓柱，令與所測之物相參直，其衡端所指度分，即其物之高度也。一曰紀限儀。紀限儀者，全圓六分之一也。其弧面爲六十度，一弧一幹，幹長六尺，即全圓之半徑，弧之寬二寸五分。幹之左右，細雲糾縵纏連，蓋藉之以固全儀者也。幹之上端有小横，與幹成十字，儀心與衡兩端皆立圓柱爲表，而弧面設遊表三。承儀之臺約高四尺，中值立柱以繫儀之重心，則左右旋轉，高低斜側，無所不可，故又名百遊儀焉。一曰天體儀。儀爲圓球，徑六尺，面布黄、赤經緯度，分宫别次，星宿羅列，宛然穹象，故以天體名之。中貫鋼軸，露其兩端，以屬於子午規之南北極子午規與黄道儀同，令可轉運。座高四尺七寸。座上爲地平圈，寬八寸，當子午處各爲闕，以入子午規，闕之度與子午規之寬厚等，則兩圈十字相交，内規面恰平，而左右上下環抱乎儀，周圍皆空五分，以便高弧遊表進退。又安時盤於子午規外，徑二尺，分二十四時，以北極爲心。其指時刻之表，亦定於北極，令能隨天轉移，又能自轉焉。座下復設機輪，運轉子午規，使北極隨各方出地度升降，則各方天象隱現之限，皆可究觀，尤爲精妙。康熙五十四年，西洋人紀理安欲炫其能而滅棄古法，復奏製象限儀，遂將臺下所遺元明舊器作廢銅充用，僅存明仿元製渾儀、簡儀、天體三儀而已。所制象限儀成，亦置臺上。

按：《明史》云：『嘉靖間修相風杆及簡渾二儀，立四丈表以測晷影，而立運儀、正方案、懸晷、偏晷、盤晷，具備於觀象臺，一以元法爲斷。』〔一〕余於康熙五十二三年間，充蒙養齋彙編官，屢赴觀象臺

〔一〕清張廷玉等撰《明史》卷二十五《天文一》。

測驗，見臺下所遺舊器甚多，而元制簡儀、仰儀諸器，俱有王恂、郭守敬監造姓名，雖不無殘缺，然睹其遺制，想見其創造苦心，不覺肅然起敬也。乾隆年間，監臣受西洋人之愚，屢欲撿括臺下餘器，盡作廢銅送製造局。廷臣好古者聞而奏請存留，禮部奉敕查撿，始知僅存三儀，殆紀理安之燼餘也。夫西人欲藉技術以行其教，故將盡滅古法，使後世無所考，彼益得以居奇，其心叵測。乃監臣無識，不思存什一於千百，而反助其爲虐，何哉？乾隆九年冬，奉旨移置三儀於紫微殿前，古人法物，庶幾可以千古永存矣。

《天官書》論

余讀《史記·曆書、天官書》，竊怪《曆書》過於略，而《天官》過於詳。世皆謂司馬氏世爲天官，又與聞修曆，乃《曆書》不過檃括詔書數語，於積年日法以及推步之術漫無一言；至《天官》之書，則述不經之談，娓娓不倦，爲後世妄言禍福者所藉口，何其悖也？及讀《自序》暨《漢書·律曆志》，方知史公原不知曆，而《天官書》則皆唐都、王朔、魏鮮三家之説。《自序》云：『重黎氏世序天地』，〔一〕『至周宣王時失其守而爲司馬氏，世典周史』，〔二〕『至談爲太史公，學天官於唐都』〔三〕。《律曆志》云：『詔卿遂遷與典星射姓等議造漢曆』，〔四〕『姓等奏不能爲算，願募治曆者』，〔五〕『乃選二十餘人，方士唐都、巴郡洛下閎與焉，都分天部，閎運算轉曆』〔六〕。由是觀之，《太初》乃閎所造，都不知曆，故獨分天部。都尚不知曆，而况學於都者乎？其所謂世掌天官者，不過推本其先世，乃重黎氏，非司馬氏也。後人不察，因謂彼世爲天官，

〔一〕〔二〕〔三〕《史記》卷一百三十《太史公自序》。

〔四〕〔五〕《漢書》卷二十一上《律曆志上》。

〔六〕《漢書·律曆志》。

言當不妄，其實非也。曆與天文各爲一家，治天文者不知七政有一定之行度，往往憑臆而談，而治曆者則有理可推，有數可紀，可以預知，可以共曉，而影射疑似之見不可參入，故不道天文災祥之説。《天官書》曰『心宿不欲直，直則天王失計』，〔一〕『老人見，治安；不見，兵起。』〔二〕又五星皆有當居不居，不當去去之之占。以曆法案之，恒星經緯皆有常度，初無變動，老人星江以南三時盡見，五星之遲留伏逆皆有本行可推步，並無當居不居、不當去去之之事。諸如此者，不可枚舉。倘史公知曆，必不爲此支離之説以貽譏於後世矣。然則《天官》一書，豈盡不足信乎？非也。其書分三段，前段占星，中段占氣，末段占歲，而後總論曰『漢之爲天數者，星則唐都，氣則王朔，占歲則魏鮮』，〔三〕於以見其書爲三家之説。其序列星，位座雖不備，然句中有圖，言『五星無出而不反逆行，逆行必盛大而變色』，〔四〕言『雲氣各象其山川』，〔五〕并驗之閭闐枯潤，人民、草木、禽獸，服食繁實去就，候歲始之雲風人聲，驗歲美惡爲千里内占，則均於理可信。使史公當日取三家之説，去其紕繆，存其菁華，而證以古人名言，如《管子》所稱『日變修德，月變省刑，星變結和』，〔六〕以及日月暈適雲風與政事俯仰之説，足以資儆戒、修人事、彌天災，則爲有物之言矣。然非深明此道者，固難以語此。

〔一〕《史記》卷二十七《天官書》，原文『大星天王前後星子屬不欲直，直則天土失計』。

〔二〕〔三〕〔四〕〔五〕《史記》卷二十七《天官書》。

〔六〕出自《史記・天官書》。太史公此語出自《管子・四時》：『是故聖王日食則修德，月食則修刑，彗星見則修和。』

讀《容齋隨筆》論分野

容齋洪氏曰：『十二國分野，上屬二十八宿，其爲義多不然，前輩固有論之者矣。其甚不可曉者，莫如《晉·天文志》，謂「自危至奎爲娵訾，於辰在亥，衛之分野也，屬并州。」〔一〕且衛本受封於河内商虚，後徙楚邱。河内乃冀州所部，東漢屬司隸，其他邑皆在東郡，屬兖州，於并州了不相干，而并州之下所列郡，乃安定、天水、隴西、酒泉、張掖諸郡，自係凉州耳按：即古雍州。又謂「自畢至東井爲實沈，於辰在申，魏之分野也，屬益州。」〔二〕且魏分晉地，得河内、河東數十縣，於益州何與？而雍州爲秦，其下乃列雲中、定襄、雁門、代、太原、上黨諸郡，蓋又屬并州及幽州耳。繆亂如此，而出於李淳風之手，豈非蔽於天而不知地乎？』〔三〕

按：《文獻通考》載州郡躔次，謂陳卓、范蠡、鬼谷先生、張良、諸葛亮、譙周、京房、張衡並云，則其謬不始於淳風矣。考列宿分野，《天官書》屬十二州，班《志》屬十二國，本非一家之説，原有異同，無知

〔一〕〔二〕唐房玄齡等撰《晉書》卷十一《天文上·十二次度數》。
〔三〕南宋洪邁撰《容齋三筆》卷三《十二分野》。

者合而一之，能無閡乎？至於安定、天水等郡本屬雍州，而列於并州之下，雲中、定襄等郡本屬并州，而列於雍州之下，殆謄録互訛，遂致沿誤耳。總之天文家言多不經，無足深論也甲子春分識。

附記

一九八五年我考入中國科學技術大學，師從杜石然先生攻讀科學史，即對梅文鼎和康熙時代的數學史感興趣，特别是讀了李儼先生《梅文鼎年譜》，受益匪淺，對其搜羅之廣，研究之細，深感欽佩。一九八八年秋，我考入中國科學院自然科學史研究所，繼續隨杜師攻讀博士學位，有機會充分利用李儼先生的藏書，並關注國内收藏的各種梅文鼎著作的版本。

二〇〇五年九月五日，我陪同法國法兰西學院魏丕信教授和北京大學郭潤濤教授到清華大學圖書館看書，並查閱清華大學善本書目所載梅文鼎算書，結果發現著録版本年代有誤，目録所列書並非乾隆版，而是康熙年間李光地、金世揚的保定刻本，此外又有蔡璿所刻《中西算學通初集》和梅文鼎自刻《勿庵曆算書目》，令我喜出望外。〔一〕

〔一〕感謝清華大學馮立昇先生陪同進庫，得以順便翻閲其他曆算著作。此後馮先生的學生高峰將《勿庵曆算書目》加以系統整理，於二〇一四年出版。

二〇〇七年三月十四至十六日，我應邀赴華盛頓美國國會圖書館參加紀念馬禮遜來華二百周年的會議，得以認識居蜜博士，並在三月二十二日致信給她，詢問美國國會圖書館所藏梅文鼎著作康熙刊本的情況。四月三日承蒙其熱情回信，答覆版本信息，並告知已決定將梅文鼎著作納入『善本數位化』計劃。二〇一三年十一月二十日，我再次訪問國會圖書館，受到潘銘燊先生的熱情接待。

二〇一〇年十一月二十日，受全國古籍整理出版規劃領導小組辦公室的邀請，在南京給古籍出版系統的編輯作了一場有關科技文獻整理的講座，其中提到梅文鼎年譜和著作的整理，會後黃山書社歐陽慧娟女士即主動聯繫，商談出版梅文鼎著作事宜。二〇一一年四月十八日，她和時任黃山書社總編輯趙國華先生特意登門拜訪，正式談妥梅文鼎著作的出版計劃，並正式啟動整理工作，一晃迄今已有九年時間。

在整理和研究過程中，得到了許多友人的幫助。法國戴廷杰先生專門從事清初學術史的研究，對戴名世、朱書有精深的研究。一九九五年，我在巴黎與他相識，承蒙其細心修改拙作《君主與布衣之間》的法文本，相交二十五年，互相切磋，獲益良多。十餘年來，每當他訪問北京，或我訪問巴黎，談話時都會提及梅文鼎及其年譜的編纂，並分享他研究清人文集的心得。日本小林龍彦教授對明清數學著作在日本的傳播和影響多有研究，每次開會與他見面聊天，也常常會提到有關梅文鼎的研究。感謝日本愛知大學葛谷登先生的邀請，讓我有機會在二〇一二年七月二十四日順訪東京國立公文書館，查閱了那裡所藏的梅文鼎曆算著作，包括康熙刊本《曆學全書》八種，雍正元年、二年兼濟堂本《曆算全書》，乾隆元年鵬翮堂本《宣城梅氏算法叢書》（牛津大學圖書館亦藏，爲偉烈亚力藏書），並順道訪問仙台東北大學，受到吉田忠先生的熱情接待，得以進庫查閱了那裡豐富的明清曆算藏書。

本書編輯過程中，我的學生潘澍原參與了梅文鼎詩文集的核對，宋元明負責梅文鼎曆算著作的録入，魏雪剛、宋元明協助收集、核对了清人史料。山東大學王學成同學校閱了書稿，任雅君女史耐心解答了許多標點問題，山西大學范麗媛同學協助録入，黄山書社編輯爲本書的出版付出了辛勤的勞動，特致謝意。感謝中國科學院自然科學史研究所李儼圖書館、中國科學院文獻情報中心、國家圖書館、北京大學圖書館、清華大學圖書館、上海圖書館、復旦大學圖書館、浙江圖書館、湖北圖書館、日本東京國立公文書館、美國國會圖書館、巴黎法國國家圖書館、牛津大學圖書館、日本東北大學圖書館、臺北故宫博物院圖書館在查閱圖書檔案方面提供的方便。在此一併致謝！

二〇二〇年二月二十日韓琦於北京海淀寓所